ENCYCLOPÉDIE

POPULAIRE,

OU

LES SCIENCES, LES ARTS

ET LES MÉTIERS,

MIS A LA PORTÉE DE TOUTES LES CLASSES

L'instruction mène à la fortune
et conduit au bonheur.

Les contrefacteurs seront poursuivis selon toute la rigueur de la loi.

Extrait du Code pénal.

Art. 425. Toute édition d'écrits, de composition musicale, de dessin, de peinture ou de toute autre production, imprimée ou gravée EN ENTIER OU EN PARTIE, au mépris des lois et règlemens relatifs à la propriété des auteurs, est une contrefaçon, et toute contrefaçon est un délit.

Art. 427. La peine contre le contrefacteur, ou contre l'introducteur, sera une amende de cent francs au moins et de deux mille francs au plus, et contre le débitant, une amende de vingt-cinq francs au moins et de cinq cents francs au plus.

La confiscation de l'édition contrefaite sera prononcée tant contre le contrefacteur que contre l'introducteur et le débitant.

Les planches, moules ou matrices des objets contrefaits seront aussi confisqués.

ART
DU MENUISIER

EN BATIMENS ET EN MEUBLES,

SUIVI DE
L'ART DE L'ÉBÉNISTE,

Ouvrage contenant

Des Élémens de Géométrie descriptive

Appliquée

AU TRAIT DU MENUISIER:

De nombreux modèles d'escaliers, l'exposé de tout ce
qui a été récemment inventé pour rendre l'outillage parfait, des notions fort étendues sur
les bois, sur la manière de les colorer,
de les polir, de les vernir, et sur
leur placage.

TROISIÈME ÉDITION.

Entièrement refondue et considérablement
augmentée;

PAR M. A. PAULIN DESORMEAUX,

AUTEUR DE L'ART DU TOURNEUR.

QUATRIÈME PARTIE.—MENUISERIE EN MEUBLES,
ÉBÉNISTERIE.

PARIS,

AUDOT, ÉDITEUR,

RUE DES MAÇONS-SORBONNE, N° 11.

1828.

IMPRIMERIE DE A. HENRY.
Rue Gît-le-Cœur, nº 8.

L'ART

DU

MENUISIER.

QUATRIÈME PARTIE.

MENUISERIE EN MEUBLES, ÉBÉNISTERIE.

La menuiserie en meubles et l'ébénisterie forment une partie très-considé-
rable de l'art du menuisier. Il existe
plusieurs traités spéciaux sur cette seule
partie, dont quelques-uns sont même assez
étendus; et en effet, si l'on veut entrer dans
le détail de tout ce qui a trait à cet art,
on ne peut manquer de faire de longs

ouvrages, puisque cette division peut encore se subdiviser en plusieurs parties : l'art du bâtonnier, qui comprend la façon des chaises et des fauteuils, des canapés et autres siéges ; la marqueterie, ou mosaïque en bois ; la tabletterie, en ce qui se rapporte aux petits nécessaires, aux tables à jouer et autres objets, pourraient fournir des chapitres étendus au traité dont nous nous occupons ; mais alors cette partie de notre ouvrage prendrait une extension telle, que les autres parties n'en présenteraient plus que les accessoires. Nous devons donc n'y comprendre que ce que nous estimerons être absolument nécessaire. La classification que nous avons adoptée nous facilitera encore les moyens de nous restreindre, puisque nous n'aurons plus à nous occuper des bois, des vernis et autres matières qui ont rempli la première partie de notre ouvrage, à laquelle nous renvoyons le lecteur. Nous n'aurons plus à parler des outils que très-sommairement, en nous attachant seulement à décrire ceux spécialement affectés à l'ébénisterie, et dont nous n'avons pas parlé en traitant les outils en général. Nous ne parlons point, ou presque point, de la marquetene, qui n'est plus guère en usage ; et en général nous ne ferons qu'effleurer les branches de l'art, préférant nous étendre et être aussi clair que possible dans la description des objets qui tiennent essentiellement à l'art lui-même.

La menuiserie en meubles attire particulièrement l'attention de cette classe d'hommes actifs et intelligens dont l'esprit trop ardent pour s'endormir dans une molle oisiveté, cherche dans les arts un noble emploi du tems : nous voulons parler des *amateurs*. Ils sont attirés vers la pratique de cet art par la beauté et l'utilité de ses produits, par l'exercice modéré qu'il procure, et par la variété des travaux qu'il exige. Les arts sont tous frères, ils se tiennent tous; l'ébéniste a souvent recours au tourneur, et le tourneur qui ne connaît point l'art de l'ébéniste est souvent arrêté court dans un grand nombre d'ouvrages. Le marteau et la lime ne doivent pas leur être étrangers à tous deux, et celui qui connaît la trempe, qui sait un peu sculpter le bois, celui qui sait tracer des dessins gracieux, trouve dans la possession de ces connaissances des ressources qui l'aident à surmonter bien des obstacles, à vain cre bien des difficultés Cette quatrième partie de notre ouvrage sera donc celle qui, avec la première, plaira davantage aux amateurs. Nous allons d'abord parler de la menuiserie en meubles ; nous traiterons ensuite de ce qui concerne l'ébénisterie.

CHAPITRE PREMIER.

—

MENUISERIE EN MEUBLES.

La menuiserie en meubles doit avoir dans l'exécution un fini, une précision, que les ouvrages de la menuiserie en bâtisse n'exigent que très-rarement. Les fermetures doivent être plus exactes ; et comme la plupart des bois employés ne sont point recouverts de peinture, mais qu'ils doivent montrer à nu la richesse de leurs teintes ou la finesse de leur grain, les surfaces seront mieux dressées et unies ; les outils du menuisier en meubles doivent donc être plus justes et plus soignés. Les varlopes auront toujours deux fers, la denture des scies doit être plus fine. L'ouvrier doit mettre plus d'attention et d'exactitude dans ses tracés, et plus de soin dans l'exécution. Tous les produits de cet art ne sont pas cependant également difficiles à obtenir, et il existe une grande différence entre la façon d'un devant de cheminée et celle d'un secrétaire : dans la description de ces diverses opérations, nous suivrons l'ordre assez généralement suivi jusqu'à ce jour; nous commencerons par parler des choses aisées à faire, et nous passerons successivement aux plus difficiles.

PARAGRAPHE PREMIER.

Des Châssis.

Ce paragraphe comprend tous les ouvrages composés de châssis simples ou composés, tels que devans de cheminée, châssis destinés à être recouverts de toile préparée pour la peinture à l'huile, cadres de tableaux, garde-mangers recouverts, en canevas, paravens et autres ouvrages aussi simples.

LES DEVANS DE CHEMINÉE se font avec des tringles assemblées à mi-bois. *Voyez* 1re partie, *pl.* 5, 1er §, *fig.* 1re. Lorsque ce châssis doit être recouvert de toile et de papier, on se contente de fixer les assemblages avec des clous, et l'on met au milieu de sa largeur une traverse destinée à soutenir la toile. Lorsqu'il doit être plus soigné, on fait les assemblages à enfourchemens chevillés, et l'on met deux traverses disposées en croix. On se dispense de mettre ces traverses en posant à chaque angle une potence assemblée dans les côtés du châssis.

LES ENCADREMENS DE TABLEAUX sont encore plus faciles à faire. Nous supposons la baguette toute faite, et nous sommes d'autant plus fondés à faire cette supposition qu'il arrive rarement au menuisier de faire cette baguette lui-même; elle lui reviendrait beaucoup plus cher; on en trouve à tant le pied chez des ouvriers qui s'occupent uniquement de cette fabrication; et d'ailleurs, comme on emploie le plus souvent de la baguette dorée, il vaut mieux l'acheter toute faite que de la faire dorer après l'assemblage. La première et la plus simple manière d'assembler un cadre est de le faire par approche, ainsi qu'il est démontré dans la *fig.* 1re, *pl.* 51. On coupe la baguette d'onglet, en prenant ses longueurs sur la feuillure destinée à recevoir le châssis, le verre ou le carton, suivant l'objet qu'il s'agit d'encadrer, et on assemble les onglets avec de longues pointes fixées sur les bouts des bandes aux points marqués *a a* sur la même *fig.* 1re.

Si le menuisier doit faire souvent de cette sorte d'ouvrage, il devra se faire une boîte à onglets qui dispense de tracer chaque fois sa coupe, et qui garantit de l'inconvénient qui peut résulter des déviations de la scie. Nous avons représenté, *fig.* 5, *pl. id.*, cette boîte à onglets vue par dessus et en bout. On prend un morceau de hêtre bien sec, qu'on équarrit, et dans lequel on creuse la gouttière A, *fig.* 5. On a soin que cette rainure soit parfaitement dressée. On trace ensuite, de distance en distance, sur les rebords, des coupes d'onglet dans les deux sens, et avec une scie à large lame et à denture fine, on coupe ces onglets suivant le tracé, en veillant à ce que la scie ne dévie point de sa position perpendiculaire au fond de la rainure A. On doit s'arrêter et n'entamer que très-peu le fond de cette gouttière; les lignes ponctuées qu'on voit se croisant sur la figure, indiquent la marche que doivent suivre les traits de scie. Lorsqu'on a beaucoup d'encadremens à faire, on doit avoir des boîtes à onglet de dimensions diverses.

Pour se servir de cette boîte, on couche la baguette dans la rainure qu'elle forme, en ayant soin de la maintenir fixe contre un de ses rebords, et en faisant passer une scie à dents très-fines; s'il s'agit de couper de la baguette dorée, afin de n'en pas faire éclater la pâte, on coupe les onglets bien perpendiculairement, en ayant soin de ne pas endommager la coupure qui sert de conducteur.

Si l'on craignait que la réunion par approche, représentée *fig.* 1re, ne fût pas assez solide, on pourrait employer la petite traverse *a*, *fig.* 2, qui se fait à queue, se glisse et se colle dans l'entaille faite pour la recevoir. Ce moyen de consolidation est quelquefois suffisant, sans qu'il soit besoin d'y adjoindre des clous.

La *fig*. 3, *pl. id.*, représente une troisième manière d'assembler les onglets. On maintient les deux morceaux coupés d'onglet dans la position qu'ils doivent avoir, et l'on donne sur la tranche un trait avec une scie à lame épaisse, ou ayant beaucoup de voie, et descendant jusqu'à la ligne *a a*; on prépare alors une petite planchette bien dressée et de forme triangulaire A, *fig. id.*, et d'une épaisseur telle qu'elle remplisse exactement le vide laissé par le passage de la scie, et après l'avoir enduite de colle, on la fait entrer dans l'entaille. Si l'on préférait faire la planchette carrée, il ne faudrait donner le premier coup de scie que jusqu'à la ligne *b b*, *fig. id.*, et donner ensuite séparément les deux autres, devant atteindre les lignes *b c*, *b c*. Nous ne donnons pas ces détails pour les ouvriers qui les connaissent tous, mais pour les amateurs qui peuvent les ignorer; il y a encore quelques moyens d'assemblage de ce genre dont nous nous abstenons de parler, vu leur peu d'importance.

Tous les peintres savent que la toile dont ils se servent pour peindre, quelque bien tendue qu'elle soit lorsqu'ils commencent à travailler dessus, ne tarde pas à se détendre et à devenir lâche, et que souvent au bout de six mois ou un an, il faut déclouer la toile de dessus le châssis, pour la tendre de nouveau. Cette opération est désagréable, parce qu'indépendamment du travail assez long qu'elle exige, on risque encore de gâter l'ouvrage; on préfère donc généralement les châssis à clés, à l'aide desquels on peut tendre la toile sur-le-champ et au degré convenable, sans être contraint à la déclouer. Nous avons représenté, *fig.* 4, un châssis à clé, afin que l'ouvrier auquel il en serait demandé ne soit pas embarrassé dans son exécution. Les assemblages des coins se font à enfourchemens *a a*, la traverse *b* coupée en chanfrein dans ses extrémités glisse dans l'entaille *b* de profil ; les clés *c cc* se placent ainsi qu'il est indiqué dans la figure par les lignes ponctuées qui font connaître leur position : la place des clés se prend sur l'arrasement des tenons qui se coupe alors en biais au lieu d'être fait d'équerre comme dans les assemblages ordinaires.

Les **PARAVENS** sont aussi des châssis.

liés entre eux par des brisures. On en fait
de toutes grandeurs ; les petits, qui servent dans les bureaux, sont composés de
châssis à peu près carrés, pouvant avoir
73 ou 74 centimètres de hauteur sur 65
à 66 de hauteur, plus ou moins, les hauteurs et largeurs étant déterminées suivant les lieux qu'ils doivent garnir ; les
paravens d'appartemens ont de 6 à 8
pieds de hauteur (1,949 à 2,600 millimètres), sur 2 pieds, 2 pieds et demi et
même 3 pieds de largeur. Ces grands
paravens sont composés avec des tringles de sapin de 3 pouces de largeur
sur un pouce d'épaisseur, assemblées en
enfourchement, et renforcées par une
traverse posée à la moitié de leur hauteur. Les petits sont construits également
en sapin, mais avec du bois de 12 ou
15 lignes carrées, assemblé à mi-
bois. Les divers châssis qu'on nomme
feuilles s'assemblent entre eux au moyen
de brisures faites en toile écrue, en
coutil, ou simplement en parchemin,
mais en mettant toujours en bas, en haut
et au milieu des contreforts en toile ou
en coutil, ou en gros ruban de fil. Les
diverses bandes qui composent la brisure
doivent être alternées et se croiser ; elles

doivent être clouées le plus près possible de la rive ; mais ce travail, ainsi que la pose du canevas qui supporte le papier, et le collage de ce papier ne regardent pas ordinairement le menuisier ; c'est le colleur-papetier qui se charge de le faire.

Les GARDE-MANGERS sont également formés avec des cadres de sapin ou de hêtre ; mais les cadres en sont assemblés à mi-bois ; le fond est fait en planches et si le garde-manger est grand, on met une tablette à la moitié de sa hauteur ; on recouvre les cadres d'une toile à claire voie ou canevas, livrant passage à l'air ; mais assez serrée pour que les insectes ne puissent passer au travers. Si le garde-manger doit être exposé dehors, on fait le dessus en planches, et même on y met un petit toit également en planches ; s'il doit être suspendu dans la cuisine, le dessus peut être en toile ; mais il vaut mieux, pour garantir de la poussière les objets qui y sont renfermés, faire ce dessus en planches minces. La porte n'est autre chose qu'un cadre également recouvert de toile, ayant une feuillure à l'entour, afin qu'elle puisse entrer dans le carré, et que la fermeture soit plus

exacte; cette porte est garnie de charnières et d'une targette.

On peut encore comprendre dans cette
section des ouvrages très-simples, relativement aux assemblages, tels que les
échelles, les marche-pieds; la confection
de ces objets exige peu de détails. Les
échelles à bâtons ronds ne sont pas ordinairement faites par le menuisier en
meubles, mais bien par le tourneur en
chaises. Les ÉCHELLES en bois carré et
les marche-pieds exigent d'autres soins,
les assemblages des marches avec les
montans se font à tenons carrés et mortaises traversées. Nous avons représenté,
pl. 51, *fig.* 6, un morceau de montant
d'une échelle en bois carré. Les montans
se font en chêne ou en hêtre d'un pouce
à 15 lignes d'épaisseur; nous avons représenté, sur cette partie de montant,
trois des manières principales d'assembler les marches avec les montans. En *a*,
la marche a deux tenons, et est supportée en avant et en arrière, en *b b b*; il
n'y a qu'un seul tenon, mais assez ordinairement on supporte la marche dans
toute sa largeur, en faisant au côté intérieur du montant une rainure de 3
ou 4 lignes de profondeur, dans la-

quelle la marche entre à pression exacte.
On se dispense de faire cette rainure en
mettant un double tenon, ainsi qu'on le
voit en *cc*, même figure.

On fait les ÉCHELLES DOUBLES, soit
en mettant d'un côté un châssis qui supporte la pente, soit en faisant deux échelles qu'on réunit au moyen de charnières
ou pentures faites exprès pour cet usage,
et que nous avons représentées en *a, fig.*
8; le boulon de fer qui traverse ces deux
charnières sert de dernier échelon. Lorsque l'échelle est ouverte, les deux angles
b b se rapprochent, et il devient impossible que l'échelle s'ouvre plus qu'il ne
faut; néanmoins, ordinairement, et indépendamment de cette précaution, on
y ajoute encore un crochet en fer avec un
piton qui maintient l'écartement et empêche l'échelle de se fermer inopiné-
ment.

Les MARCHE-PIEDS se font comme les
échelles doubles fermant à charnières.
On en fait aussi de fixes qui sont supportés par un châssis. Nous avons représenté, *fig.* 7, un marche-pied fait d'assemblage et d'une forme particulière.

Cette forme ne nous paraît nullement devoir être préférée à la forme ordinaire; et si nous l'avons dessinée, c'est uniquement parce qu'étant peu usitée, il peut être utile de la faire connaître Nous avons donné les divers modes d'assemblage des échelons ; la marche *b* se pose dessus au moyen d'un assemblage à queue, ainsi qu'on peut le voir dans la figure.

Les **LITS DE SANGLE** ne sont également qu'un composé de châssis ; ces meubles sont d'une confection trop simple pour qu'il soit besoin d'appeler sur eux l'attention des ouvriers ; nous devons dire seulement que les extrémités de l'X s'assemblent à chapeau dans les barres sur lesquelles est clouée la sangle. Nous avons donné, *fig.* 9, la coupe d'une de ces barres ; on arrondit l'angle intérieur afin que la sangle ne se coupe pas sur la vive arête, et l'on pratique la feuillure *a* dans laquelle on cloue cette sangle, qui ne doit point saillir au-dessus de la bandelette *b*. Les lits de sangle se font en hêtre.

§ II. *Des Siéges.*

Les chaises, tabourets, plians, fauteuils, canapés, etc., ne sont pas faits ordinairement par le menuisier. Lorsque ces meubles sont grossièrement fabriqués, c'est le tourneur en chaises qui les fait; lorsqu'ils sont plus soignés ce n'est pas encore le menuisier qui s'en charge; et dans Paris et les autres grandes villes ce sont des ouvriers uniquement adonnés à ce genre de travail qui les confectionnent. Ces ouvriers sont connus dans le faubourg Saint-Antoine, sous le nom de *bâtonniers*. Mais dans les petits endroits c'est le menuisier en meubles qui fabrique tous ces objets, et cette partie de l'art ne pouvant être traitée dans un ouvrage à part, nous sommes contraint de la comprendre dans nos chapitres. Le bâtonnier d'ailleurs est un menuisier qui adopte ensuite cette manutention particulière; il faut qu'il sache dresser les bois, les chantourner, faire des assemblages réguliers et d'autres encore que le menuisier en meubles se trouve rarement dans le cas de pratiquer. Ce sera donc naturellement dans un ouvrage sur la menuiserie que l'ouvrier ira chercher des renseignemens sur l'art du *bâtonnier.*

Les **TABOURETS** à bâtons ronds sont faits par le tourneur en chaises ; ceux plus solides, destinés à être sanglés et garnis, et dont on fait usage dans les cafés sont faits par le menuisier.

Notre intention était d'offrir à nos lecteurs une série de modèles choisis chez les fabricans les plus au courant de la mode et les plus chéris du public ; nous nous étions flatté de faire quelque chose d'agréable et d'utile, en dessinant une collection complète, autant qu'il aurait été possible, de ces meubles légers et commodes qui garnissent les salons de la capitale ; et nous pensions, en agissant ainsi, plaire particulièrement aux menuisiers des départemens éloignés du centre du goût, et étrangers aux perfectionnemens que le luxe et le besoin de créer et de vendre ont récemment suggérés à des ouvriers actifs et intelligens ; mais lorsqu'il s'est agi de mettre ce projet à exécution, nous avons promptement reconnu que nous nous étions bercé d'une chimère; qu'il était impossible, non - seulement de tout consigner, mais même d'offrir une collection choisie satisfaisante. Nous sommes allé dans les ateliers, les livres à la main, interroger les marchands et les ouvriers, leur demander leur avis sur les modèles donnés par ceux qui ont écrit avant nous sur la menuiserie en meubles, et c'est pour le coup que le proverbe, *autant de têtes, autant d'avis*, a pu recevoir une juste application. *On ne fait plus comme cela, ce n'est plus la mode*, etc.... et l'on regardait comme des vieilleries les modèles publiés en 1825, et même ceux publiés en 1827. D'une autre part nous avons trouvé une variété tellement considérable entre les manières de faire le même meuble, qu'il nous aurait fallu consacrer vingt planches peut-être à la simple description des chaises, et peut-être autant à celle des fauteuils. Les formes les plus ridicules, les plus bizarres étaient les plus prônées par celui qui les avait trouvées, et il les trouvait belles à l'exclusion de toutes les autres, tandis que ses voisins trouvaient les siennes hideuses et les leurs parfaites.

Si peu de stabilité dans les goûts, le manque de règles fixes sur ce qui doit être qualifié de beau, nous ont fait comprendre que notre choix ne serait pas plus respecté que celui des autres, et que nous nous donnerions beaucoup de peine et ferions de beaucoup monter le prix de notre ouvrage, pour ne contenter peut-être que très-peu de personnes. Les amateurs que nous avons consultés ont été d'avis de ne donner de modèles que ce qui nous sera nécessaire pour la démonstration : ils ont pensé que nous ne devions nullement nous attacher aux formes, si multipliées qu'il est impossible de les embrasser toutes ; ils ont également pensé que nous ne devions pas même songer à donner une figure de chaque meuble ; que nous devions nous contenter des principaux, sauf à entrer dans des détails très-circonstanciés sur ceux qui sont peu connus, et qui ont été oubliés ou mal décrits dans les ouvrages qui ont précédé le nôtre. Cet avis nous a paru sage, et nous nous sommes efforcé de nous y conformer autant qu'il a été en notre pouvoir.

Le lecteur nous pardonnera cette digression ; elle était nécessaire pour nous justifier de la parcimonie que nous avons mise dans nos modèles. Nous entrons de suite en matière. Les tabourets représentés *fig*. 10, se font de deux manières l'une, connue de tout tems ; l'autre, nouvellement trouvée ou remise en pratique, et qui mérite d'être constatée, parce que c'est un véritable perfectionnement. Ces tabourets né sont pas destinés à être couverts en paille comme ceux faits par le tourneur en chaises ; ils doivent être sanglés, rembourrés de crin et recouverts en étoffe, ce qu'on nomme *garnir*. Cette opération regarde le tapissier ; mais il faut que le menuisier dispose à cet effet les traverses de la ceinture. Les pieds se font en chêne ou hêtre ; ils sont assemblés par le bas par des entretoises sur champ, avec tenons et mortaises chevillés. On abat les angles des pieds, de manière à les rendre à peu près octogones. La ceinture s'assemble également à tenons et mortaises chevillés. La *fig*. 11 représente cette ceinture vue en dessus ; la ligne ponctuée *a*, indique la feuillure qui doit être pratiquée sur les quatre traverses supérieures, et même sur les pieds ; elle est destinée à recevoir la garniture d'étoffe. On en pratique une autre sur le dessus et dans le sens de celle *b*, dont il sera ci-après parlé, qui sert à recevoir les bouts repliés de la sangle, qui est clouée dans cette rainure. Telle est l'ancienne manière de faire le tabouret garni.

Mais on a reconnu qu'il était fort désagréable de sortir les tabourets toutes les fois qu'il fallait les battre ; qu'il fallait avoir recours au tapissier, lorsque, au bout d'un certain laps de tems, les dessus étaient salis ou usés, et enfin que, lorsqu'il s'agissait de peindre les fûts, on ne pouvait aisément faire cette opération qu'avant la garniture. On a imaginé, pour parer à ces divers inconvéniens, de faire une garniture mobile. A cet effet, on fait le fût comme à l'ordinaire, mais on pratique à l'intérieur des traverses de la ceinture, la feuillure *b*, *fig*. 11, plus large qu'elle ne l'est dans la figure où on a été contraint de la faire étroite, pour qu'elle ne fût pas confondue avec la rainure *a*, dont il a été parlé plus haut : on continue cette feuillure tout autour de l'intérieur de la ceinture en entaillant l'angle intérieur des pieds. On fait ensuite un châssis des-

tiné à entrer librement dans cette rainure, et pouvant avoir une ou deux
lignes de jeu sur chaque face, afin que,
lorsque la garniture sera posée, le tout
puisse entrer à pression exacte dans cette
feuillure. On peut voir, *fig.* 16, ce châssis entré dans la ceinture de la chaise
garnie, *fig.* 14 et 15. Ce châssis se fait
en chêne ou en hêtre, et ses traverses
sont assemblées entre elles, à tenons et
mortaises chevillés. Ce sont ces châssis
que l'on remet au tapissier, qui les sangle
et les garnit; on les pose ensuite sur les
fûts, et le poids des corps, en affaissant
la garniture, la fait déborder sur la
ceinture; ce qui empêche de reconnaître
si ces tabourets sont construits suivant
l'ancienne ou la nouvelle méthode, la
garniture ayant l'air de faire corps avec
le fût.

LES TABOURETS DE PIEDS se font de la
même manière. Tout ce qui vient d'être
dit leur est applicable. On les fait ordinairement en merisier. La *fig.* 12 peut
fournir l'idée de ce qu'ils doivent être.
On les fait carrés, ou carrés longs, suivant la demande. Les deux lignes ponctuées *a*, indiquent le bâton rond dont

on fait quelquefois usage pour rendre ces petits meubles plus solides.

La *fig.* 13 représente un TABOURET ROND, exposé au Louvre en 1827. On le hausse ou on le baisse au moyen de la vis et de l'écrou qui s'y font remarquer. On voit aussi des tabourets de ce genre qui ne sont pas à vis, mais simplement à pivots, et sur lesquels la personne assise peut se tourner en tout sens sans se lever. Il suffit d'en faire mention ; l'ouvrier intelligent saura comment s'y prendre pour les construire. Nous devons dire qu'ils sont d'un usage très-commode, et que nous nous étonnons de ne pas les voir plus souvent employés; ils sont faits, à peu de chose près, comme celui représenté *fig.* 13, avec cette différence que la vis et l'écrou sont remplacés par des parties rondes unies, et que le bout supérieur de la colonne a est appointi et tourne dans une crapaudine placée au milieu du croisillon, dont le châssis mobile du tabouret est renforcé. Dans l'un et l'autre cas le tabouret est rond. On m'a dit en avoir vu, de cette sorte, qui avaient un dossier et qui formaient des chaises à pivots : je conçois la possibilité de cette amélioration, surtout si l'on supporte le dossier par deux espèces de bras destinés à lui donner de la solidité.

Les tabourets en X sont tellement connus, qu'il est presque inutile d'en faire mention.

LA CHAISE GARNIE, *fig.* 14, 15, 16, doit être légère, et les divers montans, traverses et entretoises qui la composent, doivent être menus et arrondis sur leurs angles. Elles se font en acajou, en merisier ou en noyer. Le châssis *a a* , *fig.* 16, se fait en hêtre. On cintre très-peu les traverses supérieures des dossiers, qui, comme on peut le voir *fig.* 15, sont faits de deux pièces ; *a*, qui est d'épaisseur avec les montans, et le recouvrement *b* qui forme bourrelet et reçoit en dessous, dans une rainure à ce destinée, une languette pratiquée sur le champ supérieur de la traverse *a*. La traverse *b* s'assemble par fois dans les montans, au lieu de les recouvrir comme dans la figure. On fait ces chaises sur plan rond ou carré, indifféremment.

Les proportions ordinaires des chaises sont les suivantes :

SIÉGE. *Largeur*, 15 à 17 pouces ;

profondeur, 14 ou 15 pouces. Le siège peut être un peu moins large dans sa partie postérieure. *Hauteur de terre*, environ 16 pouces 6 lignes. (447 millimètres.)

DOSSIER. *Élévation*, 33 pouces environ. Les PIEDS ont environ 20 lignes carrées : la traverse de ceinture doit avoir de 2 pouces et demi à 3 pouces de hauteur sur 14 ou 15 lignes d'épaisseur.

Les pièces chantournées se coupent sur le tracé qu'on fait à l'aide d'un patron, en faisant ensorte de conserver, autant que possible, le bois de fil ; le bois tranché n'étant pas, à beaucoup près, aussi solide. Nous donnons, *fig*. 20 et 21, la manière de s'y prendre pour tracer et débiter des morceaux courbes dans un morceau plein, en faisant le moins de perte possible On voit en *a* comment se débitent les courbes plein cintre : assez ordinairement, lorsqu'on débite suivant cette méthode, les assemblages se font au moyen de goujons en bois de fil, attendu que le bois se trouvant tranché dans les tenons, les meubles assemblés à tenons ordinaires ne seraient pas solides. Les tracés *b*, repré-

2.*

sentent des parties antérieures de ceintures débitées, de manière que les tenons se trouvent en bois de fil. La
fig. 18 offre une manière encore plus
économique d'entrecouper ces mêmes
traverses ; en la suivant on perd d'autant moins de bois, que le morceau de
bois est long et large. Les bras de
fauteuil *c c*, *fig.* 17, sont débités de
manière que le tenon qui s'assemble dans
le montant du dossier est à bois de fil,
et que le bois tranché se trouve à la
partie la plus forte du bras, qu'on assemble avec le pied de devant, au moyen
d'un goujon marqué sur la figure par des
lignes ponctuées. *d d* représentent un
autre moyen d'obtenir d'autres courbes
dont les tenons sont, par les deux bouts,
en bois de fil ; enfin, l'on voit en *e e* un
autre moyen d'entrecouper les courbes
a a, d'une manière encore plus économique.

Les règles générales à donner pour la
fabrication des chaises se réduisent à ces
trois points : qu'elles soient solides, légères et maniables. Solides ; on obtient
cet avantage en soignant particulièrement
les assemblages, en évitant le bois tranché dans les parties courbes. On les rend

légères en évidant, autant que possible,
les bois qui entrent dans leur construction, en choisissant de préférence des
bois bien secs et nerveux, en calculant
les forces des diverses parties et ne donnant à chacune d'elles que celle qui lui
convient : une chaise légère a déjà, en
grande partie, la troisième qualité qu'elle
doit avoir, elle est déjà maniable ; il
suffit, pour la lui donner tout-à-fait,
d'arrondir et d'adoucir les parties où
porte la main. Une chaise qui réunira
ces trois qualités, plaira toujours relativement à sa forme, quelle que soit
d'ailleurs la mode du jour ; et une mode
qui forcerait l'ouvrier à s'écarter de ces
trois conditions principales ne saurait
avoir aucune durée. Quant à la commodité des chaises, qui est aussi une des
clauses principales de leur perfection ;
elle est relative à la constitution phy-
sique de la personne qui les achète.
Les règles générales sont que le siége
soit convenablement large et profond,
que le dossier penche en arrière de
2 pouces et demi à 3 pouces, et qu'il ait
en largeur 18 à 19 pouces, afin que les
épaules puissent s'y appuyer avec facilité.

C'est ici le lieu de placer une observation qui trouvera d'ailleurs son application lorsqu'il sera question des fauteuils, des canapés et autres meubles dans lesquels il se rencontre des parties courbes. On a vu, à l'exposition de 1823, des bois contournés au moyen de la chaleur, par M. Isaac Sargent de Londres, établi à Paris. Tous les journaux industriels du tems ont parlé de ce procédé. Il paraît cependant avoir fait peu de sensation parmi les ouvriers, ou du moins nous ne connaissons aucune tentative faite à cet égard. On chantourne toujours avec la scie. Nous pensons que c'est à tort que l'on en agit ainsi, et que la chose mériterait qu'on y fît attention. nous allons extraire des *Annales de l'industrie*, n° 74, ce qui a rapport à cette manière de contourner les bois ; nous y joindrons quelques observations.

« Jusqu'ici, dit le rédacteur, tous les
» bois qu'on employait dans les arts in-
» dustriels, et qui doivent affecter une
» forme courbe, et principalement chez
» les charrons, les menuisiers, les char-
» pentiers, les fabricans de chaises, les
» ébénistes, etc., étaient généralement
» pris dans une grosse pièce de bois.

» qu'ils étaient obligés de débiter à
» coups de ciseaux pour leur donner la
» forme convenable ; il est impossible
» de ne pas couper le fil du bois, de
» sorte que, plus on cherchait à l'amin-
» cir afin de lui donner plus de grâce,
» et plus on le rendait fragile ; de sorte
» que, pour lui conserver plus de soli-
» dité, on était forcé de laisser les pièces
» lourdes.

» Un ingénieux artiste imagina, en
» Angleterre, de ramollir les bois, de
» les contourner ensuite dans des moules
» disposés exprès, selon la forme déter-
» minée, et il réussit parfaitement ;
» voici son procédé : Il fait travailler le
» bois à droit fil, en lui donnant la
» forme et la longueur qu'il doit avoir
» après qu'il sera contourné, et ne lui
» conserver que la force qui lui est abso-
» lument nécessaire ; après cela il le fait
» tremper, pendant un tems suffisant,
» dans l'eau chaude ou à la vapeur de
» l'eau bouillante, jusqu'à ce qu'il soit
» assez ramolli pour qu'il ne risque pas
» de le casser en le pliant. Alors il le
» contourne dans un moule disposé ex-
» près, et le laisse parfaitement sécher
» à l'ombre, dans le moule même. Les

» bois conservent alors parfaitement
» leur forme, et ne pourraient la perdre
» qu'autant qu'on les ferait ramollir
» comme auparavant. On les appelle
» *bois à droit fil*........ Les roues per-
» fectionnées, faites de deux jantes ou
» d'une seule en bois de frêne *à droit*
» *fil*, ont particulièrement été admirées
» par les connaisseurs........ L'expé-
» rience a confirmé ce que la théorie
» avait annoncé, elle est en faveur des
» bois *à droit fil*. Les bois débités et
» cassans, par l'ancienne préparation
» au feu, qui leur ôte le nerf et l'élas-
» ticité, n'entrent plus dans aucune
» construction importante, ni dans cel-
» les où le goût doit présider.

» C'est encore au moyen des *bois à*
» *droit fil*, préparés par le procédé de
» M. Sargent, que le charron peut con-
» struire des trains élégans, des roues
» légères; que le menuisier peut per-
» fectionner les devantures bombées des
» boutiques; que le charpentier peut
» donner aux escaliers des formes com-
» modes et agréables à l'œil, et que l'é-
» béniste enfin peut rendre les meubles
» plus solides et moins lourds. »
L'auteur ajoute ensuite que ces pro-

cédés étaient déjà connus en France, et
que des carrossiers établis à Paris en
faisaient usage avant que M. Sargent
vînt s'y établir. Cette question offre peu
d'intérêt, maintenant que les industriels
de tous les pays forment une grande
communauté dont chaque membre s'em-
presse de faire profiter les autres de ce
que l'étude ou quelquefois le hasard lui
a appris de favorable au progrès des
arts. Il s'agit d'examiner le procédé indiqué, sans s'enquérir s'il vient d'un
Français, d'un Anglais ou d'un Alle-
mand.

Nous n'avons, en notre particulier,
jamais mis à l'essai le procédé dont il est
question, et nous ne pourrions, par cette
raison, en contester l'efficacité, qui nous
paraît d'ailleurs probable ; mais ce que
nous pouvons affirmer, c'est qu'il sera
fort difficile de le faire adopter dans les
ateliers. Lorsqu'il s'agit de feu, de chau-
dières, de moules, on a beaucoup de
peine à faire entendre aux ouvriers qu'ils
feront bien de les employer. Déjà l'on
a fait savoir que M. Neuman desséchait
parfaitement les bois, qu'il les empê-
chait de fendre, et les rendait innatta-
quables aux vers en les soumettant à la

vapeur de l'eau bouillante : on a dit qu'en mettant les bois dans une chaudière d'huile bouillante, on obtenait le même effet, et qu'ils devenaient en outre d'une dureté remarquable. Les ouvriers n'ont point répondu à cet appel; non qu'ils contestassent l'effet annoncé; tout fait croire, au contraire, qu'il doit être le produit immanquable des procédés enseignés; mais parce qu'ils ont reconnu qu'il devait être peu commode de les mettre en pratique. Dans quel vase fera-t-on bouillir des brancards de cabriolets, ou le morceau de bois de 15 à 18 pieds, avec lequel on fera une roue d'une seule jante? Le bois n'est pas encore assez cher en France, pour que les frais de construction des appareils et ceux du combustible nécessaire pour mettre une aussi grande masse d'eau en ébullition, puissent être compensés par les gains qu'on ferait, en n'éprouvant plus les déchets que le chantournement ordinaire nécessite. Quels délais ne faudra-t-il pas éprouver avant que le bois soit sec, et les ouvriers qui sont toujours pressés peuvent-ils attendre? Il n'est pas bien prouvé, d'une autre part, que la courbure par le feu, lorsqu'elle est bien faite, altère la ténacité du bois, les bois courbés au feu deviennent très-durs, et par cela même plus sujets à casser ; et si l'ébullition rend également les bois plus durs, nul doute qu'elle ne les rende, en même tems, plus cassans. Un raisonnement très-simple rendra sensible ce que l'expérience démontre depuis long-tems dans la pratique. Comment un bois est-il liant et souple ? Lorsque les nervures sont fortes et prolongées, et que la substance médullaire interposée est poreuse. Les bois très-compactes. le bois de gayac, le cormier, l'alisier et autres sont cassans, et ce sont cependant des bois très-durs ; le frêne, le chêne jeune, l'érable et autres sont lians et élastiques, parce qu'ils sont plus poreux et qu'alors, dans l'action de fléchir, les pores vides se resserrent du côté du pli, tandis qu'ils se dilatent du côté convexe : effet qui ne peut avoir lieu dans les bois compactes qui rompent plutôt que de fléchir ; si donc, comme cela semble prouvé, l'ébullition rend les bois plus durs, plus compactes, soit en cuisant la sève dans les canaux qu'elle occupe, en l'y fixant, en la faisant changer de nature et lui ôtant la faculté qu'elle possède de s'évaporer par une dessiccation lente, soit en leur faisant éprouver un changement de nature ré-sultat de la coction, elle doit, en même tems, les rendre plus cassans. Loin de nous, cependant, l'idée de jeter de la défaveur sur le procédé de M. Isaac Sargent ; mais, aussi, loin de nous l'engouement peu réfléchi. Nous pensons que, pour l'objet qui nous occupe, ce procédé pourra offrir des avantages, parce que les bois à courber ne sont jamais d'une grande étendue ; les morceaux dont se composent les ceintures des chaises et des fauteuils, ont rarement beaucoup plus d'un pied de longueur ; les bras de fauteuils ne sont pas encore de longueur telle qu'on ne puisse trouver quelque grande chaudière de fonte capable de les contenir. Que les menuisiers en chaises fassent donc l'essai de ce procédé, en l'étudiant avec discernement et attention, et, bien certainement ils obtiendront des succès. Je crois cependant devoir leur dire, en attendant, comment il m'est arrivé de courber facilement, par le moyen du feu, des morceaux de bois, très-petits à la vérité, mais qui ont parfaitement conservé leur courbure. Peut-être ce moyen, extrêmement simple, pourra-t-il recevoir son application sur des pièces plus fortes.

Soient A B, *fig.* 1re, *planche* 5e, deux planches d'un pouce ou 15 lignes d'épaisseur, suivant la force des pièces à courber, percées de deux trous C D à leurs extrémités, de trois trous alignés E F G vers le milieu, et enfin d'autres trous H I placés à volonté. Soient J K L, des boulons en bois ou en fer, plus ou moins gros, suivant la force qu'on veut employer, qui entrent dans les trous dont il vient d'être parlé. On pourra produire, avec ce simple appareil, un grand nombre de courbes différentes.

On placera d'abord les deux boulons J K, en écartant plus ou moins de la ligne droite celui K, en le mettant dans celui des trous E F G qu'on voudra ; mais supposons-le d'abord dans le trou E, comme *a e*, *fig.* 2, le bâton à courber *x* étant mouillé et mis en place, on l'exposera au feu, en ayant soin de l'en tenir assez éloigné pour qu'il ne chauffe pas trop promptement. À mesure que le feu le séchera, on l'humectera d'eau nouvelle, soit à l'aide d'une éponge, soit par tout autre moyen, et opérant un effort sur le bout *y*, on le fera courber

jusqu'à ce qu'il ait dépassé le trou *d* ;
on mettra alors en place le boulon L,
fig. 1re, et le morceau de bois sera maintenu suivant la courbe qu'on voudra lui
donner, et qui est indiquée dans la *fig.* 2,
par la courbe ponctuée marquée 1. Pour
le faire plus courbe, on mettra le boulon K dans le trou F, et enfin dans celui
G. Si l'on veut le ployer encore davantage, il faudra avoir soin d'humecter le
bois, tant qu'il sera devant le feu. Les
lignes ponctuées 1, 2 et 3, indiquent
les diverses courbes qu'on peut lui faire
prendre.

Si l'on voulait que la courbure ne fût
pas un arc régulier, mais eût lieu seulement vers l'une des extrémités du bâton,
on mettrait le boulon K dans le trou H,
fig. 1re, ou dans tout autre disposé à cet
effet.

Indépendamment des soins que nous
venons de recommander, il faut encore
avoir celui, lorsqu'on veut produire un
pli brusque ou faire jarreter la courbe,
d'affaiblir un peu le bois dans l'endroit où
l'on veut opérer ce pli, et de diriger particulièrement l'action de la chaleur vers
cet endroit, qu'on mouillera également
plus que les autres. Il faudra tenir le bois

en position jusqu'à ce qu'il soit refroidi et sec, afin qu'il garde sa courbure. On ne devra finir de lui donner la forme à l'outil que lorsque cet effet sera définitivement obtenu.

Le moyen que nous soumettons à nos lecteurs nous a toujours parfaitement réussi ; mais nous devons convenir que nous ne l'avons jamais employé que pour des pièces faibles et pouvant fléchir sous une légère pression, nous avions pensé établir une espèce de treuil pour courber les pièces plus fortes. Nous l'avons indiqué sur la *figure* 1re par des lignes ponctuées, ne voulant pas offrir comme des choses éprouvées ce qui n'a pas été exécuté. Sur le treuil a, garni d'un rochet, s'enroulerait une corde attachée au bout y des pièces à courber ; en tournant le treuil on forcerait la pièce à dépasser le trou du boulon L, que l'on mettrait alors en place : nous soumettons ce projet à l'expérience que les ouvriers en pourront faire ; c'est une idée que nous leur offrons. La *fig.* 3 représente le rochet placé à la partie supérieure du treuil sur la traverse de dessus ; a est le collet supérieur du treuil taillé à dents inclinées ; b le taquet.

Les bois qu'on emploie pour la façon des chaises se coupent avec la plane ou couteau à deux poignées ; on le maintient dans une espèce d'étau en bois, que nous avons représenté *fig.* 4 ; on le compose d'une mâchoire faite avec un bois flexible, et qu'on fait fermer en appuyant avec un pied sur la pédale, jointe par une corde ou une tringle en fer, à la bascule qui appuie sur la mâchoire flexible, et la fait joindre avec celle rendue inébranlable par une traverse mise en arc-boutant.

Les menuisiers en chaises se servent aussi, avec avantage, de la selle à tailler des tonneliers.

Les **FAUTEUILS** diffèrent des chaises en ce qu'ils sont construits plus solidement, et en ce qu'on leur ajoute des accotoirs qu'on nomme bras : ce que nous venons de dire des chaises garnies leur est en grande partie applicable. Il est cependant quelques règles générales qui se trouvent dans tous les auteurs, et que nous allons transcrire ici sans y rien changer, en en extrayant toutefois ce qui a trait à la garniture des bras qu'on recouvrait jadis d'étoffe. La mode de mettre des manchettes aux bras des fauteuils est passée, et rien n'annonce qu'elle doive reprendre faveur. La largeur des fauteuils doit être plus grande que celle des chaises, afin que la personne qui s'y assied, y soit contenue commodément avec ses habits; aussi leur donne-t-en depuis 6 jusqu'à 7 décimètres de largeur sur 5 et 5 et demi de profondeur: (22 à 28 pouces sur 18 à 20). Les fauteuils ordinaires, quant à la grosseur et au débit de leurs bois, ne diffèrent des chaises qu'en ce point que, lorsque leur siége est cintré sur le derrière, les traverses de dossier doivent être refendues selon leur inclinaison ou leur évasement; ce qu'on fait en les traçant dessus et dessous, avec des calibres dont le cintre se trouvera sur le plan, en le reculant de la quantité convenable. Ces courbes étant par conséquent de différens cintres, on pourra prendre l'une dans l'autre, ainsi que nous l'avons démontré plus haut, les traverses du haut et celles du bas , sans rien perdre de bois, parce que le dehors de l'une correspond exactement ou à peu de chose près au dedans de l'autre. Les bras du fauteuil, quant à leur forme, dépendront de l'espèce de garniture et de la hauteur des consoles. Ces bras doivent être placés de manière que les coudes de la personne assise touchent naturellement dessus. Leur longueur ordinaire est de 11 pouces environ, et lorsque le siége est cintré il faut réduire cette longueur de la quantité dont se recourbe le dossier; leur grosseur dépend de l'ensemble du fauteuil, et est déterminée par le goût de l'ouvrier. Leur hauteur audessus du siége est également de 11 pouces (3 décimètres) environ; mais de quelque forme que soit le plan des fauteuils, les bras doivent être évasés et aller en s'écartant vers leur partie antérieure, de sorte qu'ils présentent presque toujours, sur leur plan, une forme concave intérieurement, et rarement des lignes droites. Le bras ne s'emmanche pas toujours dans le pied de devant : assez souvent, presque toujours même, il y a un morceau intercalaire qu'on nomme *support de l'accotoir*. Ces supports sont ornés de moulures ou sont faits carrément, selon l'ensemble de la construction du fauteuil avec lequel ils doivent être mis en harmonie. La *fig*. 17, *pl*. 51, représente un fauteuil ordinaire vu de profil. Maintenant ces supports ne sont autres que la prolongation des pieds de devant élevés au-dessus du siége.

Les *fig.* 18 et 19 de la même planche présentent le plan d'un fauteuil de bureau et l'élévation du dossier. Le coussin piqué peut être, comme dans l'exemple, rapporté sur un châssis mobile. Nous n'entrerons pas dans des détails circonstanciés sur la construction de ces fauteuils, les figures suffiront pour la faire comprendre ; cette partie de l'art n'étant pas, d'ailleurs, une de celles qui fixent le plus l'attention du menuisier en meubles, il convient de n'en traiter que très-rapidement. L'art des menuisiers en siéges, exigerait un volume distinct et séparé, étant ordinairement professé par des ouvriers qui s'y livrent exclusivement.

Les BERGÈRES diffèrent peu des fauteuils ; elles sont cependant plus grandes et plus basses de siége, le dessous des bras est garni d'étoffe. Les bergères ont en outre un coussin en peau, bourré de plume, recouvert d'étoffe ; mais quant au fût, il diffère peu de ceux des fauteuils de bureau. Les *causeuses*, les *duchesses*,

les *chaises longues* et autres, se rapprochent de la bergère sous le rapport
des bâtis, et n'en diffèrent que par le
plus ou le moins de longueur du siége.

Les CANAPÉS ont un mètre et demi ou
2 mètres de largeur sur 6 décimètres de
profondeur; le siége a un tiers de mètre
de hauteur et le dossier 5 décimètres ; les
bras ou accotoirs sont de la même forme
que dans les fauteuils ordinaires, mais
communément d'une seule pièce. Les
canapés sont droits sur le derrière et cin-
trés sur le devant.

Les SOPHAS diffèrent des canapés en
ce que les accotoirs sont pleins; ils ont
très-peu de hauteur de siége ; quelques
légères différences dans la forme du dossier font prendre à ces meubles les noms
de *veilleuses à la turque, ottomanes, lits
de repos, divans,* etc., etc. Nous ne saurions donner des règles bien fixes sur
leur construction : la mode et le caprice
exercent également leur empire sur elle.
Nous n'en donnerons pas non plus de modèles, ne voulant pas augmenter le
nombre de nos planches sans une indispensable nécessité.

Les plians. On voit encore un grand nombre de siéges de toute espèce, tels que banquettes, chaises et bancs de jardins et autres ; nous n'en parlerons pas; mais nous ne pouvons passer sous silence les plians légers que la mode, cette fois bien inspirée, ramène plus légers et plus élégans qu'ils ne l'ont jamais été.

Ceux dont nous offrons les modèles ont été copiés d'après des modèles exposés sur le boulevard des Panoramas. On en voit un ouvert, *fig* 22, et fermé, *fig.* 23; les sangles sont disposées de manière à offrir un siége et une espèce de dossier. Ces sortes de plians se font avec des bois ronds, effilés, et auxquels on conserve de la force par des renflemens réservés aux endroits des pivots; les accotoirs sont implantés dans les traverses qui supportent la sangle du siége. La *fig.* 24 représente une canne-siége, et enfin la *fig.* 5, *pl.* 52, un pliant à deux places. Il diffère du pliant simple en ce que les X sont faites avec des planchettes minces au lieu de bâtons ronds. Tous ces divers meubles sont d'une exécution tellement facile que l'inspection des figures suffira.

§ III. *Des Lits.*

La forme des lits a beaucoup varié et variera sans doute encore ; car bien qu'elle semble devoir être déterminée par l'usage auquel ce meuble est destiné , toujours est-il qu'après l'avoir vue tant de fois changer, nous ne saurions prévoir les modifications qu'elle pourra encore éprouver. Il est cependant une forme dont on ne pourra s'écarter long-tems parce qu'elle est la seule bien adaptée à sa destination; c'est celle du carré-long, parallélogramme, qui pourra recevoir des modifications, des embellissemens, mais qui sera toujours au fond la même. Nous nous attacherons donc principalement à la démonstration du lit simple, et nous passerons assez légèrement sur les variétés dont on acquiert promptement connaissance, soit par l'inspection des modèles gravés, soit, mieux encore, en étudiant ceux exposés en vente chez les marchands, ou en regardant avec une atten

tion réfléchie ceux qui décorent les appartemens

Nous nous reporterons donc aux descriptions que nous trouvons dans les
premières éditions de cet ouvrage, en y
ajoutant toutefois nos observations et des
modèles plus variés.

Le bois de lit, ou couchette, est composé de 4 pieds, de 2 pans, de 2 traverses
et de 2 panneaux qu'on nomme dossiers
ou chevets. Le dedans du lit se garnit
de deux manières différentes. La première admet 7 barres ou goberges, lesquelles entrent en entaille dans les pans
et les affleurent en dessus. Au-dessous
de ces barres on en place assez ordinairement deux autres beaucoup plus fortes
qu'on nomme barres d'enfonçures, lesquelles entrent de 9 lignes de profondeur, plus ou moins, dans la traverse
du pied du lit, et en entaille dans celle
de la tête. La seconde manière de garnir
est de mettre, en place des barres, un
châssis sanglé. Ce châssis est composé de
2 battans, de 2 traverses et d'une traverse du milieu, laquelle doit être de
forme courbe, afin que la sangle ne porte
pas dessus, et qu'elle puisse même plier

sans rencontrer la barre ou traverse du milieu.

Les châssis sanglés doivent entrer dans le bois de lit, et sont portés, soit dans une feuillure de 8 à 10 lignes poussée à la partie intérieure des pans et sur des tasseaux fixés dans les traverses de tête et de pied, soit sur des tasseaux posés sur les pans et sur les traverses. Il est bon de mettre en dessous de ces châssis une ou deux barres à queue pour retenir l'écart des pans.

La mesure ordinaire des lits est de 2 mètres de longueur sur 12 décimètres (44 pouces) de largeur, lorsqu'ils doivent recevoir deux personnes, et, dans ce cas, on leur donne quelquefois jusqu'à 15 décimètres (55 pouces); les lits pour une seule personne n'ont guère que 7 à 10 décimètres (25 à 37 pouces) de largeur toujours sur la même longueur de 2 mètres, prise hors d'œuvre.

Les pieds de lit ont ordinairement 68 millimètres (2 pouces et demi) de grosseur; les pans et les traverses ont 81 ou 95 millimètres (3 pouces ou 3 pouces et demi) de largeur, sur 1 pouce et demi ou

2 pouces d'épaisseur, selon qu'ils doivent recevoir des barres ou un châssis.

L'assemblage des pans et traverses dans les pieds se fait à tenons et mortaises; les traverses assemblées à demeure et chevillées, les pans mobiles serrés avec des vis, ainsi que nous le dirons plus bas.

Les pieds sont élegis au-dessus de l'assemblage en arrondissant, et de manière que le bois conserve sa pleine force un pouce au moins au-dessus de l'assemblage afin que le dessus de la mortaise ne soit point sujet à s'éclater.

Les lits se montent ordinairement à vis, et ces vis passent au travers du pied pour venir joindre leur écrou qui est placé dans le pan au milieu de sa largeur.

On commence par percer le pied au milieu de l'assemblage avec une mèche de 5 à 6 lignes de diamètre; ensuite, on assemble le pan dans le pied, et on le perce à la profondeur de 7 à 8 pouces au moins avec la même mèche, en la passant par le trou déjà fait au pied; on désassemble alors le pan, et à trois pouces environ de l'arrasement, on fait une petite entaille à bois de travers de la largeur et de l'épaisseur de l'écrou, en observant de ne pas la faire descendre plus profondément qu'il ne faut pour que l'écrou se trouve vis-à-vis le trou percé dans le pan. Lorsque l'entaille est faite, on y ajuste l'écrou, et on y fait entrer la vis, pour voir si elle y tourne aisément. On assure l'écrou des deux côtés, s'il y a un peu de jeu; enfin on bouche le devant de l'entaille avec un morceau de bois rapporté.

Les assemblages des lits doivent être très-justes, surtout ceux des traverses. Les tenons des pans doivent être très-courts, 15 lignes étant suffisantes pour que la mortaise destinée à les recevoir ne passe pas dans celle des traverses.

Les bois de lits destinés à être recouverts de peinture se font en chêne et plus souvent en hêtre; ceux destinés à être teints et cirés se font en merisier, en guignier; ceux destinés à être conservés dans leur couleur naturelle se font en noyer; enfin les beaux lits plaqués se font en noyer, en acajou, en frêne, en orme et autres bois de placage.

Le lit représenté *pl.* 53, est d'une exécution très-simple; ces sortes de lits sont destinés à être recouverts de peinture; on les fait avec ou sans colonnes. Cette planche représentant le lit vu de profil, par le bout et en coupe, il devient inutile d'en dire davantage.

Il y a plusieurs moyens de poser les roulettes sur lesquelles roulent les lits, et encore bien que le menuisier ne soit point appelé à fabriquer ces roulettes, nous pensons qu'il convient de faire mention ici des diverses méthodes, afin qu'il soit à même de choisir celle qui est le plus applicable à l'espèce de lit qu'il fait. C'est d'ailleurs une démonstration qu'on ne trouve nulle part, et qu'on ne sera pas fâché de rencontrer ici.

La *fig.* 1re des détails, *pl.* 53, représente les roulettes anciennes. On les cloue sous le pied du lit, après avoir préalablement percé au milieu un trou conique destiné à recevoir la tige *a*. Cette tige est composée d'une douille en fer, dans laquelle tourne librement la queue de la chape de la roulette. Cette queue est rivée en *b*, au-dessus de la douille : mais la rivure est faite de manière qu'elle n'opère aucune pression sur la douille qui conserve son mouvement.

Le trou fait dans le pied doit être assez profond pour que cette rivure ne touche pas ; son diamètre doit être tel que la douille s'y place exactement, et entre même à pression focée, afin d'éviter tout ballottement; cette disposition concourt avec l'embase *c* à assurer la solidité de la roulette.

La *fig.* 2 représente une roulette à gobelet ; elle est en grand ce que sont en petit les roulettes qu'on met sous les chiffonnières, les tables à jeu et autres meubles roulans ; elle est d'un assez bon usage.

La *fig.* 3 représente une monture de roulette autrefois en usage, mais tellement abandonnée de nos jours qu'elle semblera une nouveauté à beaucoup de personnes. C'est cette manière de faire qui aura fourni l'idée de la roulette à équerre dont nous parlerons plus bas, puisque la seule perfection qui fait rechercher ces dernières, la rotation sur pivot, se retrouve dans cette roulette, n° 3 ; elle a l'avantage de la solidité, la distance du point de résistance au point d'appui n'étant pas à beaucoup près aussi considérable que dans la roulette à équerre ;

aussi cette roulette ne s'ébranle-t-elle pas aussi facilement et n'exige-t-elle pas ces frais de réparation et de consolidation périodique qui ont dégoûté beaucoup de personnes des grandes roulettes. Le cornet *a* est coupé à jour et divisé en trois branches ; on pose au fond une crapaudine en cuivre jaune, dans laquelle appuie et tourne la queue de la chape ; les trois branches de ce cornet sont rivées à demeure, ou soudées à chaude portée sur l'embase circulaire *b* percée de plusieurs trous dans lesquels passent les vis à bois qui la fixent sous le pied du lit. A la hauteur de l'embase, et au-dessus on passe dans un trou pratiqué à cet effet à la tige de la chape une goupille en fer qui empêche cette chape de quitter sa monture ; cette goupille se retrouve également dans la roulette à équerre.

Cette manière de monter les roulettes a dernièrement été presque généralement adoptée, et l'on doit convenir qu'elle justifiait en partie la préférence que lui accordait le goût du public ; elle se meut avec facilité, vire sans effort, et est par conséquent moins sujette que les petites roulettes à perdre son rond, surtout si l'on a le soin de mettre dans l'œil de roulette des boîtes en cuivre qui supportent le frottement de l'axe. La *fig.* 4 en donnera une idée d'autant plus suffisante, que cette roulette est connue de tout le monde. Pour la poser, on fait dans le bois, en dessous du pan, une encastrure dans laquelle on fait entrer à force la bandelette A, percée de cinq trous, celui du milieu taraudé, les autres servant à livrer passage à 4 vis à bois, à l'aide desquelles on fixe invariablement cette bandelette dans l'encastrure. Les deux vis à tête forée *a a*, *fig.* 4, entrent dans les écrous des bandelettes et servent à fixer la monture après le pan et après la traverse inférieure du chevet. La tige de la chape tourne dans la crapaudine en cuivre *b*, *fig. id.* Lorsqu'on veut démonter le lit, on n'a qu'à dévisser une des vis à tête forée *a*; avantage qui ne se rencontre pas lorsque les bandelettes sont d'un même morceau avec la traverse supérieure de la monture, ainsi qu'on le voit dans la *fig.* B. Dans ce cas, la roulette est tout-à-fait inébranlable, parce que, non-seulement les bandelettes, mais encore une partie de la traverse supérieure, sont noyées dans le bois ; mais aussi il faut ôter quatre ou cinq vis lorsqu'on veut démonter le lit.

Il y a encore bien d'autres manières de poser les roulettes sous les lits ; nous n'avons pas l'intention de les rapporter toutes ici ; nous ne pouvons cependant nous dispenser de parler de celle qui est le plus en usage maintenant, et qui est d'ailleurs la seule qu'on puisse employer pour les beaux lits qu'on change peu souvent de place ; c'est en même tems la plus simple. La *fig.* 5 de la même *planche* fera de suite comprendre comment se place cette roulette : on entaille le dessous du pied en y pratiquant une mortaise assez grande pour recevoir la roulette et sa chape, et on les y fait entrer à force. La roulette doit peu saillir en dessous. Quelques personnes, pour faciliter le mouvement de cette roulette font faire par le menuisier des coulisses en bois dans lesquelles elle agit librement. Ces coulisses commencent par une pente douce ; nous en avons représenté la coupe en A et en B, *fig.* 5. La *fig.* C est la poulie dans sa chape prête à être placée dans la mortaise.

J'ai vu un lit roulant sur des roulettes de cette façon, auquel l'ouvrier avait ajouté un perfectionnement dont il peut être utile de parler. Le cul-de-poule *a*, *fig.* 5, ne faisait point partie du pied *b*; il était seulement posé dessous, et portait à son centre un tourillon en bois, de 20 lignes environ de diamètre sur 3 pouces et demi de longueur, qui entrait dans un trou de calibre percé sous le pied ; le tourillon et les arrasemens frottés de savon permettaient à la roulette de tourner dans toutes les directions. La ligne ponctuée *x x* indique, sur la figure 5, la place de ce tourillon.

Lits a bateau. La mode des lits à bateau, déjà ancienne, pourra durer encore long-tems, parce que cette forme présente plusieurs avantages. Le lit d'ailleurs a plus de solidité, la hauteur du pan maintenant les dossiers. La façon de ces lits diffère assez de celle des lits ordinaires pour que nous en disions deux mots.

La *fig.* 6, *pl.* 52, représente le lit à bateau vu par devant ; nous l'avons orné de colonnes, mais on n'est pas forcé de mettre cet enjolivement. Ces colonnes sont faites par le tourneur; on les joint après le lit, soit à l'aide de goujons, ainsi que nous l'avons représenté dans la figure, soit en les faisant entrer dans l'espace contenu entre la traverse du haut A, *fig.* 8, et celle du bas B que l'on prolonge à cet effet: alors le pied se rapporte en dessous ; mais plus communément le pied se trouve formé par la prolongation du montant C, et l'appui ou piédestal de la colonne se fait avec un morceau rapporté. La colonne tient en place à l'aide de goujons; celui du haut pénètre la traverse A, et est saillant au-dessus. C'est dans la saillie qu'il forme qu'on fixe la boule ou la coupe qui surmonte la colonne. Quant au pan coupé circulairement qui fait le bateau, on le compose assez souvent, pour économiser le bois, de quatre parties. Une première marquée A, sur la *fig.* 6, qui a 18 ou 20 lignes d'épaisseur en plus ou moins de hauteur, suivant le goût de l'ouvrier ; car il ne faut pas s'attacher à suivre servilement nos dessins ; nous mettons ce qui nous paraît le plus convenable, mais notre goût peut n'être pas celui de tout le monde. Une seconde marquée B, épaisse d'un fort pouce, assemblée à rainure et languette avec la première qui fait saillie en dehors ; une troisième et une quatrième parties, marquées C C, également assemblées à rainure et languette collées, avec la seconde, et de même épaisseur. On pratique sur toute la hauteur de ce pan et de chaque bout une forte languette destinée à entrer dans une rainure profonde, disposée pour la recevoir, et faite dans les montans de devant et de derrière. Nous avons représenté, *fig.* 7, demi-grandeur, ce même lit vu en bout, et en plan, et dans cette *fig.* 7, la rainure dont nous parlons se fait voir en *a* ; on y distingue aussi deux trous *b b* dans lesquels sont logés les écrous dont nous parlerons plus bas, et qui s'incrustent avec les précautions que nous avons prescrites pour les lits ordinaires.

L'assemblage à rainure et languette du pan avec le montant est maintenu et rendu plus exact au moyen de quatre vis, deux à chaque bout, placées à l'intérieur du pan, et se vissant dans les écrous *b b*, *fig.* 7, dont il vient d'être parlé ; la situation de ces vis est déterminée à peu près par les lignes ponctuées *d d*, *fig.* 6.

La *fig.* 9 fera comprendre de suite comment s'entaille le bois pour loger ces vis : on commence par percer un trou de calibre sur le milieu de la languette, indiqué sur la figure par un espace ombré *a* ; puis à la distance de deux ou trois pouces, on découvre ce trou et on approfondit l'entaille afin que la saillie de la tête de la vis puisse s'y loger ; on abat en chanfrein le rebord de l'entaille, pour donner de la facilité à mettre la vis en place, et pour que le chasse-pointe qu'on emploie pour tourner la vis puisse avoir une course suffisante. La tête de la vis étant percée de deux trous qui se croisent, il se trouve toujours une des quatre issues à la portée de la main. Ce n'est que lorsque ces vis sont placées qu'on perce les trous *b b*, dans la rainure *a*, *fig.* 7 ; on détermine leur situation en imprimant dans le bois le bout de la vis.

Le panneau du dossier, *fig.* 7, s'assemble avec les montans et la traverse du bas, au moyen de rainures et de languettes ; nous avons indiqué, dans la *fig.* 6, par des lignes ponctuées, la situation de ces divers assemblages ; quant au rouleau, il s'assemble à chapeau sur le panneau et les montans.

La *pl.* 54 est consacrée au dessin d'un lit orné de bronzes ; les détails dans lesquels nous venons d'entrer sont applicables à la construction de ce lit.

LITS A FLASQUES. La *pl.* 55 contient également des modèles de lits élégans à estrade, à corne d'abondance, à flasques ; nous devons dire deux mots sur la courbure des dossiers.

On voit, dans la *fig*. 1re, comment le panneau s'assemble avec le rouleau *a*. Si le flasque était plus renversé, on assemblerait encore moins au centre, c'est-à-dire le plus possible du côté *b*.

Tout le montant se taille avec un patron dans un même morceau ; mais on peut, et on en voit beaucoup d'exemples, le faire en trois, savoir : le socle, assemblé par une languette dans une rainure ; la partie droite et enfin la partie courbe. Quant à la plinthe A, elle est rapportée en saillie et collée, à moins que, comme dans la *fig*. 2, elle ne règne sur toute la longueur du pan. La traverse de derrière B s'assemble carrément dans la partie droite du flasque , en continuité du panneau du dossier ; on abat en chanfrein l'angle de saillie C.

Il n'est peut-être pas inutile de donner ici le moyen ordinairement employé par les ouvriers pour tracer le flasque : on prend une planche de 6 à 8 pouces de largeur sur 4o pouces de longueur, d'une faible épaisseur : cette planche étant destinée à faire un calibre, on trace par le bas une ligne transversale à la hauteur de 3 pouces ; cette ligne forme le bas de pied du lit ; on prend ensuite la hauteur de la plinthe qui doit être d'environ 4 pouces. Pour les lits à rouleaux on prend 7 pouces pour former le haut, et afin de n'être pas gêné en traçant le contour, qui doit être très-resserré puisqu'il renverse peu. Pour les lits à crosse (*fig.* 2 et 3), on peut prendre 8 à 9 pouces, la crosse renversant plus que le rouleau. Enfin, pour les lits à flasque plein, qui sont de 11 à 16 pouces, on est parfaitement à son aise en prenant le contour, le renversement étant de près de 3 pouces.

On adapte diverses sortes de moulures au pied du flasque ; à celui du flasque commun, on met simplement une astragale de 3 lignes et demie d'épaisseur sur 2 lignes de saillie; pour les lits à crosse, qui sont plus riches, on fait une petite mo.lure formant baguette avec un carré, et dans le bas on ajoute une petite gorge ou un chanfrein, *voy*. *ab*, *fig*. 2., le tout formant une largeur de 8 à 9 lignes sur 4 à peu près de saillie.

On emploie le chêne bien sec pour la fabrication de ces sortes de lits.

La *fig*. 2 représente un lit à flasque et à crosse. Comme dans la figure précédente, le flasque n'est figuré que sur le pied, cependant ici la crosse ponctuée *a* remplaçant le panneau de la *fig*. 1re, il en résulte un renversement plus considérable; nous avons représenté à part en A, le montant vu du côté de la rainure, où se trouvent les trous *bb* dans lesquels sont placés les écrous; la ligne ponctuée *e* indique l'arrondi du champ du bateau.

La *fig*. 3 représente le même flasque à crosse, avec cette différence en plan, que les coins sont abattus ou arrondis par derrière. *Voy.* le plan A.

Dans ces trois modèles, le dossier est toujours vertical comme dans les lits ordinaires, et, comme nous venons de le dire, le flasque n'est figuré que sur le pied.

La *fig.* 4 est le dessin d'un lit à *petit flasque* ; ici, il commence à y avoir un changement considérable; le dossier n'est vertical que jusqu'à la ligne *a a*, et le flasque réel commence à partir de cette même ligne. Je préfère cette forme, je la trouve plus commode que celle flasque plein, *fig.* 5. Le panneau du dossier, dans la partie du flasque, est composé de plusieurs pièces. On peut mettre des colonnes ou des demi-colonnes en A ou en B ; mais alors on fait saillir d'une épaisseur convenable la plinthe et la moulure *a a*. La figure très-détaillée et les explications qui précèdent nous dispensent d'en dire davantage.

La *fig.* 5 représente un lit à flasque plein, dont la construction conduit naturellement à celle du lit en corne d'abondance, représenté *fig.* 6 et 7. Les houles que nous avons mises pour plus de simplicité sur ce lit, *fig*. 6 et 7, sont remplacées, suivant le goût de l'ouvrier, par des patères, des vases à fleurs ou autres embellissemens en bronze ou en sculpture, suivant la commande ou le pouvoir de l'ouvrier.

La *fig*. 8. enfin, représente un lit à corbeille et à estrade, copié d'après un modèle exécuté à Paris pour un de nos plus riches banquiers. Les figures ne laissant aucune incertitude, nous nous abstenons de toute description verbale.

Les flasques pleins les plus usités ont de 24 à 28 pouces de hauteur; leur contour et leur renversement font un objet de fantaisie; cependant on doit avoir soin que le lit, y compris le renversement, n'ait pas en général plus de 7 pieds de longueur, afin qu'il puisse se placer dans toute espèce d'alcôve; on changera ces proportions, s'il doit occuper une place particulière et être accompagné de couronnes, ciels, ou baldaquins; la hauteur des pieds, qui n'est ordinairement que de 40 pouces, est portée à 44 si le lit est destiné pour un grand appartement. Le plus souvent il

reste au bas du flasque une partie droite
dont la longueur est de 5 pieds 6 pouces
plus ou moins. Le milieu du devant
peut avoir depuis 9 jusqu'à 12 pouces
de hauteur, ce qui guide dans le développement à donner au lit. Le champ
du devant se plaque avec une bande de
3 lignes d'épaisseur, affleurant en dedans et en dehors, et arrondie sur le
dessus, suivant la ligne courbe $c \S$ A,
fig. 2. Quelquefois on y adapte une baguette saillante : dans ce cas, il faut
prendre 5 à 6 lignes d'épaisseur de bois,
on forme la baguette et on arrondit le
reste ; d'autres fois on y place un bourrelet de 21 lignes d'épaisseur au milieu,
et se terminant en mourant, de manière
qu'il ne lui reste plus, pour le haut,
que 3 lignes ; à la tête, il forme le lima-
çon ; on pose aussi sur ce champ des
bronzes ou des sculptures, ainsi qu'on
peut le voir dans les mêmes figures
6 et 8.

BERCEAUX, BERCELONETTES, LITS D'EN-
FANS. Les *fig*. 1, 2, 3, 4 de la *pl*. 56 représentent divers berceaux et bercelonettes ;
dans ces sortes d'ouvrages, l'invention
d'une forme nouvelle est à peu près tout

ce qu'il s'agit de constater ; les *fig*. 3 et
4 exigeront seules quelques explications.
Ce berceau vu de côté, *fig*. 3, et en bout,
fig. 4, a un double mouvement d'oscil-
lation ; d'abord il balance sur pivot
comme la *nacelle*, *fig*. 1re, et la *lampe
antique*, *fig*. 2 ; il a ensuite un mouvement qui croise le premier, et qui permet de hausser ou baisser alternativement la tête ou les pieds ; les deux pans
courbes *a a*, *fig*. 3 et 4, glissent facilement dans des rainures courbes pratiquées dans les pans courbes *b b*. Les deux
pans courbes *a a* sont unis par deux traverses au milieu desquelles sont situés
les trous dans lesquels entrent les pivots qui supportent la nacelle *d*. Les
deux lignes ponctuées *c c* indiquent la
situation d'une espèce d'anse de panier
en bois, mobile et tournant sur brisure
en *x*, *fig*. 4 ; cet arc sert à supporter les
rideaux ou le filet dont on enveloppe
les enfans remuans et sujets à s'agiter
pendant leur sommeil jusqu'à courir le
risque de se précipiter hors du lit. Nous
avons dessiné ce berceau dans sa plus
grande simplicité ; il est ordinairement
orné de boules, de pommes de pin , têtes

de griffon, etc. Nous avons voulu en rendre le mécanisme particulièrement intelligible. On varie après tout la forme à l'infini, suivant le plus ou moins de luxe qu'on veut mettre dans l'exécution.

Ce que nous avons à dire d'ailleurs sur la construction des lits d'enfans se borne à fort peu de chose; ils sont, à peu de chose près, en petit ce que les autres sont en grand.

Ciels de Lit.

Les CIELS DE LIT se font de toutes sortes de manières; ils sont tous, pour la plupart, d'une exécution tellement simple et facile, qu'il est à peu près inutile d'en parler. Tantôt carrés longs, tantôt demi-octogones, leur construction est toujours, à quelque différence près, la même; les couronnes seules font exception et nécessitent quelques détails. La *fig.* 5, de la même *pl.* 56, représente la couronne vue en dedans; celle 6 la montre vue en dehors. On construit d'abord, en bois de hêtre, le bâtis *a a* : on lui donne un bon pouce d'épaisseur sur deux ou trois de largeur, et même quelquefois davantage, selon la grandeur de la couronne. On le consolide par un croisillon de même bois et de même épaisseur, assemblé avec les jantes à tenons et mortaises, et entaillé à mi-bois à l'endroit où il se croise ; on perce au centre un trou destiné à recevoir la ferrure qui doit fixer la couronne au plancher. Ce croisillon se fait un peu bombé en dedans. C'est sur ce premier bâtis qu'on cloue l'étoffe de garniture en dedans pour le ciel et en dehors pour les draperies : c'est aussi sur ce châssis *a a* qu'on élève la couronne. Cette couronne se fait en bois blanc et de plusieurs morceaux collés les uns sur les autres, ainsi qu'on le voit indiqué dans le cintre, *fig.* 5, en alternant les joints ; le pourtour supérieur reçoit un bourrelet en bois, sur lequel on pousse à l'extérieur une doucine ou toute autre moulure. Dans les couronnes de 30 pouces de diamètre, la hauteur au-dessus du premier châssis est ordinairement de 5 pouces. Nous avons représenté en A, *fig.* 6, la coupe de la couronne. On y distinguera en *a* la coupe du premier châssis, en *b* celle des morceaux de bois blanc dont se compose la couronne proprement dite, en C, la moulure qui la termine par le haut ; enfin en *d*, le placage dont on la recouvre par devant.

Quant aux flèches de lit, aux trophées ou châssis en arc dont on orne les lits et qui servent à supporter les rideaux, on achète ces objets tout faits chez les miroitiers, et le menuisier ne sera peut-être jamais appelé à les confectionner. Nous n'en parlerons pas, non plus que des armoires à lit, qu'il suffit d'indiquer au menuisier pour qu'il les exécute sur-le-champ.

§ IV. *Des Tables.*

Chacun fait sa table suivant son goût, et il y a, dans cette partie de la menuiserie en meubles, presque autant de formes différentes que de tables : nous ne devons parler que des manières de faire le plus généralement répandues, en commençant par les plus faciles à exécuter, et finissant par celles qu'on voit rarement, et qui exigent une explication particulière.

La TABLE DE CUISINE, *pl.* 56, *fig.* 7, est la plus simple de toutes ; elle est composée d'un madrier de bois de hêtre ou d'orme, plus ou moins épais, plus ou moins long et large, suivant la grandeur de la table ; mais ayant toujours entre 2 pouces et 3 pouces d'épaisseur, qui forme le dessus. Ce dessus est supporté par quatre pieds de bois de hêtre, de 3 à 4 pouces de largeur sur 2 pouces et demi à 3 pouces d'épaisseur, soutenus par deux traverses vues en bout en *a a*, et par une forte entretoise *b*, qui s'assemble à tenons et mortaise, avec les deux traverses et dans leur milieu. Ces pieds s'emmanchent dans le dessus, au moyen de mortaises à chapeau, et quelquefois dans les grandes tables, par le moyen d'assemblages doubles. Quand ces tables sont d'une très-grande largeur, on assemble des traverses dans le haut de leurs pieds, et c'est sur ces traverses qu'on fait appuyer les tiroirs, lorsqu'on en met. Dans les autres cas on se borne à clouer en dessous, pour supporter le tiroir, deux tasseaux *c c*, dans les feuillures desquels glissent les bandelettes adaptées le long des côtés du tiroir à la partie supérieure. La hauteur totale de ces tables est de 758 à 812 millimètres (28 à 30 pouces.)

Le Tour a pate est une autre espèce de

table de cuisine, le dessus est en bois de chêne, d'un pouce d'épaisseur au moins; on pratique au pourtour, du moins de trois côtés, un rebord de 6 à 8 pouces de hauteur par derrière, dont les côtés sont chantournés en venant à rien sur le devant.

Tables à Manger.

Les *tables à manger* se font de bien des manières : nous allons parler des principales.

Les plus simples sont composées de deux châssis entrant l'un dans l'autre, et formant X ; un de ces châssis tient après le dessus de la table, composé de trois planches assemblées à rainure et languette, au moyen de deux tourillons entrant dans deux collets en bois, cloués dans le dessus, *fig.* 8. Dans ce cas les tourillons se placent en *a a*, sur l'un des châssis *fig.* 9 ; on met en avant deux arrêts en bois, *fig.* 8 *a*, cloués sous le dessus de la table et en regard des deux collets *fig.* 8, dans lesquels tournent librement les tourillons *a a* : il n'est d'ailleurs personne qui ne connaisse cette table pliante.

Le même double châssis, *fig.* 9 , peut être employé différemment, c'est-à-dire dans la position où il est vu dans le dessin : dans ce cas, la table posée sur quatre pieds d'aplomb, est beaucoup plus solide, et l'on voit encore quelques-unes de ces tables qui ont cela de commode qu'étant pliées, elles occupent peu de place. Le pied est fait en chêne de fil, assemblé à tenons et mortaises chevillés : les châssis sont unis par une double broche en fer, rivée en dessus et en dessous, marquée *b b* sur la figure, et sur laquelle ils pivotent. Le dessus se fait en sapin, et l'on cloue dessous, à chacun des quatre coins, un gousset en bois de chêne, épais d'un pouce environ, et entaillé de manière que les sommets des pieds y entrent librement. Ces goussets, dont un est représenté *fig.* 10 , doivent être solidement fixés.

Lorsque ces mêmes tables sont très-grandes, on remplace le châssis *figure* 9 par celui brisé que la *fig.* 11 représente, vu par dessus et fermé ; douze couplets ou charnières en fer en facilitent le mouvement ; les deux grands châssis sont maintenus fermés par le crochet en fer *a*, entrant dans un piton. Cette table, sup-

portée par douze pieds debout, est très-
solide. On met aussi des crochets à piton
en dehors des petits châssis afin de les
tenir ouverts lorsque la table est posée,
et l'on ne met de goussets qu'aux quatre
coins, à moins qu'on ne préfère, comme
cela a lieu très-souvent, consolider cette
table, en mettant en dessous des traverses
en saillie, espacées suffisamment pour
que tous les sommets des pieds se trouvent solidement enclavés dans l'espèce
de rainure résultant de leur espacement.

Les tables rondes. La mode des tables
rondes a pris faveur; nous devons en
parler. Les premières, d'une construction extrêmement simple, sont ployantes
et peuvent facilement se ranger contre
un mur, où elles occupent peu de place:
la *fig.* 12 en fera de suite comprendre le
mécanisme. Le dessus se fait en noyer et
est composé de plusieurs planches, plus
ou moins, suivant leur largeur ou la
grandeur de la table, assemblées à rainure et languette; les châssis dont se
compose le pied, se font en chêne ou
en hêtre. La traverse *a*, arrondie en dessus, est terminée par les bouts, en
tourillons qui entrent dans des collets *b*,

fixés en dessous de la table avec des vis ou des clous ; cette traverse est en outre entaillée à mi-bois, vers les endroits où elle s'assemble avec les pieds *c c* à tenons et mortaises chevillés. Les entailles sont faites de grandeur et profondeur suffisante pour recevoir, l'une d'un côté, l'autre sur la face opposée, les pieds *d d* entaillés aussi à mi-bois. On en fait de semblables à la traverse inférieure *e*, et on entaille de même à mi-bois les pieds *d d* par le bas, afin qu'ils puissent entrer dans ces entailles et affleurer en dedans et en dehors lorsque la table est ployée. Lorsqu'on veut ouvrir cette table, on fait tourner le châssis *d d* sur les pivots en fer placés au points *f f*. Assez ordinairement on met entre les deux châssis deux dés en bois, comme nous l'avons représenté dans la figure, qui sont également traversés par la goupille ; ou bien on fait poser les traverses l'une sur l'autre, comme dans la *fig.* 9. Les pieds *d d*, en s'ouvrant, suivent les deux lignes courbes ponctuées, indiquées sur la figure, et viennent entrer à pression exacte dans les goussets *g g*, les pieds *c c* s'emmanchent par le bas, dans des patins représentés à part, *fig.* 13 ; mais ce simple assemblage ne suffisant pas ordinairement pour résister à la fatigue que cette partie éprouve, on a l'habitude de faire ces patins plus élevés, en faisant toutefois descendre le pied jusqu'en bas, afin qu'il soit plus solidement maintenu. Des lignes ponctuées indiquent la hauteur qu'on peut donner aux patins.

Tables rondes coupées. La table dont nous venons de parler ne peut jamais être d'un grand diamètre, et n'est pas autant en usage que celles dont nous allons donner la description. Ces dernières se font ordinairement en noyer ; mais on en voit de fort belles en frêne roncé ou en acajou. Le dessus se divise en trois parties dont une, celle du milieu, est un peu moins large que les deux autres réunies, et est immobile sur les pieds. La largeur de cette partie du milieu est à peu près dans la proportion de 9 à 21, et les douze parties restant se divisent en deux parties égales, ce qui fait que chacune des portions de cercle mobiles est dans la proportion de 6 à 9 avec la partie du milieu. Le châssis qui supporte les pieds et sur lequel la partie immobile est fixée, est aussi large que cette partie. La *fig*. 14, de la même *pl*. 56, fait voir comment se posaient autrefois, et comment se posent encore, parmi les ouvriers peu habiles, les charnières, par le moyen desquelles les brisures de la table ont lieu : *a*, est la partie fixe du milieu ; *b*, la partie mobile et pendante lorsque la table est ployée. Le pied est indiqué par des lignes ponctuées, et l'on voit en *c* la coupe des traverses qui unissent et consolident les pieds.

Lorsque la table est ouverte, la partie *b* suit les lignes ponctuées *d d* ; on tire alors, pour la maintenir dans cette position, les tasseaux *e*, passant dans les goussets *f*, cloués sous la partie immobile du dessus de la table, et dans la traverse *c* ; on met au bout un anneau brisé pour donner de la prise.

Mais ces tasseaux n'offrent jamais une grande solidité, lorsque la table est grande et pesante : il faut alors avoir recours à un autre moyen, qui consiste dans le déplacement d'un des pieds de chaque côté, qui sert à supporter la partie mobile. À cet effet on fait de deux parties la traverse du dessous *c*, *fig*. 14 et 15, dont l'une, celle qui tient au pied rendu mobile, doit avoir environ le tiers de la longueur totale. On forme la brisure, soit au moyen de couplets en fer, comme dans la *fig.* 15, soit en faisant une charnière en bois, retenue par une goupille en fer, comme dans la *fig.* 16, représentant une partie de la traverse *c* vue en élévation. Dans l'un et dans l'autre cas on supporte l'assemblage carré par une autre traverse *x x*, *fig.* 15. Le pied mobile suit la ligne courbe *h*, et vient s'appuyer contre un tasseau fixe *e*, attenant au-dessous de la partie mobile *b* de la table. Dans le cas où l'on fait usage de la charnière en bois, *fig.* 16, on se dispense de mettre ce tasseau, en laissant un talon saillant aux tenons de la partie mobile de la traverse, lesquels talons viennent alors s'engager dans des mortaises pratiquées à cet effet dans la contre-traverse *x x*, *fig.* 15.

Telle fut long-tems la seule manière de faire la table ronde brisée ; mais, ainsi qu'on peut le voir dans la *fig.* 14, il existait une grande imperfection dans la procédé employé pour la brisure ; la partie mobile *h*, lorsqu'on la baissait, formait une gorge ouverte dans laquelle s'amassaient les ordures; il était difficile de la nettoyer, et d'ailleurs cette brisure était d'un aspect désagréable. Les ouvriers abandonnèrent donc ce moyen facile, et préférèrent avoir recours à celui que nous avons représenté *fig.* 17, qui est d'une exécution, sans contredit, beaucoup plus difficile relativement à la pose de la ferrure ; mais aussi qui est incomparablement préférable sous tous les rapports, et tellement préférable, qu'on a totalement abandonné la première manière, malgré la difficulté d'exécution que présente la seconde. Cette difficulté réside dans la manière de serrer la brisure : nous allons essayer d'en donner l'explication. Après avoir bien dressé les planches du dessus, on les placera l'une sur l'autre, comme AB, *fig.* 18 ; puis, avec uncompas, on tracera sur le bout le cercle *a* et du même centre, le cercle concentrique *b*, égal en circonférence au nœud de la charnière. Le grand cercle indiquera la courbe des quarts de rond, et l'outil avec lesquels on les fera devra être parfaitem nt en fût, afin que la moulure rentrante et celle saillante soient exactement rondes. A partir des points déterminés par le petit cercle *b*, on tracera en dessous de la partie immobile B et à l'aide d'un trusquin, deux lignes indiquant la largeur de la rainure ronde à faire pour loger le nœud de la charnière, lors de l'entaillement qui aura lieu; quand il s'agira de la poser, il faudra faire ensorte que la goupille se trouve bien au centre du grand cercle *a a*. Ainsi qu'on peut le voir dans la *fig.* 17, la partie *b* pendante recouvre d'une ligne environ la partie immobile *a*. Ce recouvrement est nécessaire pour qu'il n'y ait jamais d'hésitation lors de l'ouverture; effet qui pourrait avoir lieu par la rencontre des angles. Pour produire ce recouvrement, on entaille un peu plus profondément la rainure où se place le nœud de la charnière, ou bien on donne plus du quart de rond à la gorge A, *fig.* 16. Dans ce cas, on ôte une égale quantité de bois sur la partie B, même *fig.* 18, afin que le mouvement, quart de cercle, ait toujours également lieu.

Nous ne pouvons nous dissimuler que, malgré notre démonstration et la régularité des *fig.* 17 et 18, il sera encore très-peu certain que l'ouvrier puisse, la première fois, ferrer convenablement

5*

cette brisure, de manière que les ronds frottent exactement, le saillant dans le rentrant ; mais connaissant la méthode, après quelques tâtonnemens, il y parviendra infailliblement. Si le mouvement était dur, il faudrait enduire les points de contact avec du savon sec ; l'usage le rendra bientôt plus facile. Lorsque cette table est bien exécutée, la fermeture n'est pas plus apparente que dans une bouveture ordinaire.

TABLES CARRÉES PLOYANTES. Ces tables, dont nous avons représenté les dessus, *fig.* 19 et 20, *pl.* 56, peuvent être rangées dans la classe des tables à manger comme dans celle des tables à jouer ; dans ce dernier cas on les recouvre d'un tapis vert d'un côté, et sur le dessus on fait un damier ou un échiquier : nous en parlerons plus bas, et ne les considèrerons maintenant que comme tables à manger. On les fait alors tout simplement en noyer et en hêtre ; les pieds et les traverses de ceinture du haut se font comme ceux des tables à écrire, dont nous parlerons également plus bas, à cette différence près qu'on n'y met point de tiroirs, mais un fond qui en tient lieu,

et dans lequel on serre les couteaux,
serviettes, tire-bouchons et autres objets
de service. Les deux parties A B, *fig.* 19,
se replient l'une sur l'autre, et, en les
faisant pivoter, on les place dans le
sens du châssis, représenté par des lignes
ponctuées qu'elles doivent dépasser également tout autour. Ces deux parties sont
liées ensemble par des charnières noyées.
La seule difficulté qui se présente dans
l'exécution de cette table réside dans la
pose du pivot : nous allons donner les
moyens de trouver ce point.

On ouvre les deux côtés de la table,
dressés et assemblés par les charnières,
et, en un mot, prêts à être mis en place ;
ces deux côtés, représentés dans la figure
par le carré parfait A, B, C, D. On pose
sur le carré destiné à être attaché au
châssis par un pivot, et que nous supposons, dans la figure, être celui du côté
B D, le châssis et les pieds, ces derniers
renversés, et on trace sur ce côté de la
table le parallélogramme H, J, K, L,
déterminé par le châssis et les pieds.
Puis, les changeant de direction et s'en
servant toujours comme de conducteur,
on trace le parallélogramme semblable

a, *b*, *c*, *d*, également distant dans ses
côtés opposés de A, B, C, D, et portant
par conséquent également sur chacun
des côtés du dessus de la table. Ces tracés
faits régulièrement, on ouvre un compas, et, prenant pour point de centre J,
on trace un arc sur le bord C D, puis en
prenant le point *d* pour centre, on trace
une autre portion de cercle coupant la
première, et l'on marque leur point
d'intersection. Nous l'avons marqué *i*
dans notre opération. Des mêmes centres
J et *d*, et ouvrant le compas jusque sur
le côté opposé de la table A B, on trace
deux portions de cercle se coupant entre elles, et de leur point d'intersection *j*
au point *i*, on tire la droite *ij*. Prenant
ensuite *b* et D pour centre, on trace également deux arcs se coupant en *e*, et
partant des mêmes centres *b* D; mais en
ouvrant le compas jusque vers le côté
A C du grand carré, on trace deux arcs
dont le point d'intersection *f*, sert avec *e*
à déterminer la droite *ef*, le point où
celle ligne *ef* coupe la ligne *ij*, est l'endroit cherché. On le marque profondément. C'est là qu'on percera le trou
destiné à recevoir le pivot en fer sur le—

quel tournera la table. Nous avons dési-
gné ce point sur la figure par un k.

Pour vérifier si l'on a convenablement
agi, on pose une des branches du compas
sur le point k, et si l'opération est bien
faite, J et d se trouveront également
éloignés de k. Ouvrant alors le compas,
on mesurera la distance de k à b et celle
de k à D ; elles seront égales ; il en sera
de même de k à H et de k à c, de même
enfin de B à a, etc.

Il ne faudrait pas s'étonner si l'on
trouvait quelque irrégularité dans cette
figure, son extrême réduction a pu être
une cause d'inexactitude ; il sera essen-
tiel de se pénétrer surtout de l'explication
et de faire soi-même ce tracé en grand, afin
de bien comprendre l'opération, notre
dessin n'étant fait que pour aider à la
démonstration.

On fait aussi ces mêmes tables à deux
brisures, c'est-à-dire qu'alors le dessus
est divisé en trois parties ; mais ces cas
se rencontrent très-rarement, parce
qu'alors elles sont très-massives, et que
le poids du dessus, comparativement au
peu d'écartement des pieds, tend à les
faire renverser. Cette manière de faire
présente d'ailleurs, quant au placement

du pivot, moins de difficultés que la précédente. Nous avons indiqué en *a*, *fig*. 20, *pl. idem*, représentant une table ainsi divisée, à quel endroit est posé le pivot. La partie marquée 1, reste en dessous; celle marquée 2, se rabat dessus; enfin, celle marquée 3 se ploie en sens contraire, et se trouve former le dessus de la table, pliée comme les feuilles d'un paravent. Les trois parties ainsi réunies, on fait virer le tout sur le point *a*, et la table se trouve réduite au tiers de sa grandeur.

LES TABLES A RALLONGES sont composées de grandes planches de sapin, assemblées à rainure et languettes, et assez souvent posées tout simplement sur des tréteaux : on en voit de carrées, mais plus communément on les fait ovales. On les pose aussi sur des pieds brisés du genre de celui que nous avons représenté, *fig* 11, *pl*. 56. On met à ces tables des rallonges faites en croissant, qui tiennent au moyen de liteaux engagés dans des goussets cloués sous le dessous de la table. Lorsqu'on a à ajouter plusieurs rallonges, comme il arriverait que, n'étant plus supportées, leur poids et celui

des couverts dont elles sont chargées,
tendraient à les faire pencher, on pose
un pied mobile sous la dernière rallonge,
qui soutient par ce moyen les rallonges
intercalaires.

Nous donnons, *fig.* 21, le dessin d'une
de ces rallonges portant son pied mobile :
elle est faite, ainsi que toutes les autres,
en sapin, et consolidée par des bordures
en chêne, assemblées à bouveture collée,
affleurant en dessus et en dessous. Les
courbes se tracent par les moyens enseignés dans la deuxième partie de cet ouvrage, *chapitre* GÉOMÉTRIE. Le pied
pliant *a* est assemblé avec la traverse *b*,
sur laquelle on réserve un talon *c* qui
appuie contre le dessus de la rallonge
lorsque le pied est perpendiculaire à ce
dessus. La traverse mobile *b* forme par
ses bouts des tourillons qui tournent
dans les collets *d d;* le pied *a* est en outre
rendu plus stable par un patin qu'on
adapte par le bas. Les deux liteaux *e e*,
faits en chêne choisi bien de fil, entrent
dans des goussets *f f*, cloués sous le dessus de la table à rallonges : on fait ces
liteaux plus longs lorsqu'il doit y avoir
des rallonges intercalaires, et on les
fait passer par des goussets posés sous

ces rallonges. On voit, en outre, en *g g*, deux cales qui se mettent quelquefois pour supporter les cornes de la rallonge ; elles entrent dans des entailles pratiquées pour les recevoir sur le champ de la table.

TABLES A COULISSES. La plupart des tables à manger se font maintenant d'une manière plus solide et plus élégante. On emploie pour leur confection des bois précieux, et, ployées, elles sont l'ornement des salles à manger. Ces tables sont rondes et peuvent, sans rallonges, servir à quatre, six et huit personnes, selon leur grandeur ; mais on peut, au moyen de planches que l'on ajoute, les faire servir à volonté pour dix, douze et même vingt à vingt-quatre personnes. Cependant le mécanisme qui offre tant d'avantages est peu compliqué, et se trouve renfermé dans un petit espace sous la table même. Nous allons donner la description de deux de ces tables, en commençant par la plus petite, *pl.* 57.

Fig. 1ʳᵉ, le plan de la table ; *fig.* 2, élévation et coupe dans le sens de la longueur.

A A A A, le dessus de la table ; B B B , C C C, les traverses à coulisses, assemblées dans les pieds D D, à tenons et mortaises. Ces traverses entrent l'une dans l'autre au moyen de coulisses pratiquées dans leur épaisseur : en entrant ainsi l'une dans l'autre, elles servent à allonger ou raccourcir les tables à volonté.

La coulisse B a son profil figuré en E ; la coulisse C a son profil figuré en F, et elles s'emboîtent toutes deux l'une dans l'autre, comme on le voit en G.

Il est facile de concevoir que, si ces coulisses n'avaient pas de point d'arrêt, on pourrait, en les tirant plus que leur longueur ne le comporte, séparer la table en deux : on a remédié à cela en les arrêtant au moyen d'une cheville de bois H, fixée solidement dans la traverse C, au point ii. La ligne de coulisse n, représentée dans le dessin de la traverse B, *fig*. 4, et dans le profil E, *fig*. 3, sert à loger cette cheville, comme on le voit aussi en G : elle est arrêtée en p, *fig* 4, par le plein-bois qui termine la coulisse.

La traverse K, *fig*. 1re, est assemblée

solidement avec les traverses B B , et porte le pied du milieu M , *fig.* 2. Les lignes ponctuées R R R , indiquent la situation des planches supplémentaires qui se joignent, à rainures et languettes.

La *pl.* 58 représente une autre table du même genre, mais pouvant s'ouvrir davantage : comme le mécanisme est à peu de chose près le même, nous allons seulement indiquer les différences de détail qui proviennent des changemens que cette augmentation de portée nécessite.

La table, *pl.* 57, n'a ordinairement que 3 pieds 2 pouces de largeur, et n'offre, dans tout son développement, que la longueur de 5 pieds et demi : celle représentée *fig.* 58, donne 4 pieds sur 9. Il a fallu, pour obtenir un plus grand développement, employer une plus grande quantité de coulisses, et l'on n'y est parvenu qu'en multipliant les traverses ; et, comme ces traverses doivent être renfermées dans l'espace déterminé par le dessous de la table, on n'a pu leur donner que peu de longueur, ce qui a forcé à en porter le nombre de chaque côté à 7 au lieu de 2.

Les traverses dormantes A B , sont absolument semblables à celles de la petite table ; mais celles intermédiaires offrent cette différence qu'elles ont une coulisse sur chaque face, comme on le voit dans leur profil C, même *pl.* 58. Lorsque cette table n'aura pas les planches supplémentaires, elle sera ronde , et on pourra encore la diminuer de grandeur en abattant les deux bouts O O, par le moyen d'une brisure à charnière, semblable à celle que nous avons décrite ci-dessus, page 80. Les coulisseaux P P, de 15 lignes d'épaisseur en carré, sont destinés à soutenir ces abattans : ils se poussent et se tirent comme des tiroirs, et sont supportés par les traverses de la table et par les goussets *r r*, dont on voit la figure en T.

On emploie pour ces tables, le noyer, le merisier et l'acajou ; mais seulement pour les pieds, les traverses de retour *z z* et le dessus : car les traverses à coulisses doivent offrir une grande solidité, et on ne peut pas employer, pour leur confection , du bois cassant. Le chêne nerveux d'abord , puis le hêtre, doivent être préférés ; on recouvre les traverses dormantes B , d'un placage du bois qui a servi à faire le dessus de la table.

Les planches supplémentaires se font en sapin, emboîtées de chêne en haut et en bas, si elles sont grandes.

Un cinquième pied est toujours nécessaire pour soutenir le milieu de la table, qui fléchirait lorsqu'il serait chargé des rallonges et du service de table ; on doit même en mettre deux quand la table est grande.

Considérations générales sur les Tables à manger.

Les clauses principales à remplir dans la fabrication des tables à manger, sont la solidité, la légèreté, la grandeur ; elles doivent être généralement faites de manière à être rangées facilement lorsque leur emploi a cessé, et à occuper alors le moins de place possible. Les ornemens, la richesse des bois employés dans leur façon, les roulettes qu'on pose sous leurs pieds pour les rendre plus faciles à être mues, l'élégance des formes, tout cela doit être mis en second ordre et sacrifié, lorsqu'il le faudra, aux premières conditions que nous avons imposées. Les tables à manger n'ont point de dimensions déterminées, mais on les range cependant pour l'ordinaire en trois classes : les petites, les moyennes, les grandes. Les petites sont 1° celles qui peuvent recevoir à l'aise quatre couverts ; elles ont d'un mètre à 1 mètre 20 centimètres de longueur (37 à 44 pouces), sur 80 centimètres (30 pouces) environ de largeur ; 2° celles à six couverts qui ont depuis 1 mètre et demi de long sur 1 mètre de largeur (55 pouces sur 37) ; 3° celles de huit couverts qui doivent avoir 2 mètres (6 pieds 2 pouces) de longueur sur 1 mètre et demi (4 pieds 7 pouces) de largeur, et devant porter trois couverts de chacun des grands côtés, et un à chaque bout ; 4° enfin, les tables de dix couverts qui auront 2 mètres de longueur au moins sur 1 mètre 2 tiers de large (6 pieds 2 pouces sur 5 pieds 1 pouce), trois couverts de chaque côté sur sa longueur, et deux à chaque bout.

On renferme sous la dénomination de *moyennes* les tables qui contiennent depuis dix jusqu'à seize et même vingt

couverts ; elles sont d'une longueur déterminée par le nombre de couverts, et
ont de 3o pouces à 3 pieds de largeur,
et peuvent recevoir trois couverts à chaque bout.

Celles qui contiennent un plus grand
nombre de couverts prennent le nom
de *grandes tables*, leurs dimensions sont
indéterminées. Les tables dites *fer à cheval* doivent leur nom à la forme qu'elles
affectent. Leur longueur est également
déterminée par le nombre des personnes
qui doivent se ranger autour ; on leur
donne 3 pieds 1 pouce (1 mètre) environ
de largeur ; elles sont très-commodes
pour le service.

Tables ordinaires, Tables à jouer, à écrire, Bureaux.

Les tables à manger nous ont conduit
plus loin que nous ne le voulions ; notre
intention étant de ne parler des différentes tables que suivant le degré de facilité de leur exécution ; nous allons donc
reprendre les tables simples dont nous
n'avons pas donné l'explication. La *fig.*
3, *pl.* 5o, représente une table ordi-

naire. Le dessus, dans les petites tables, se fait d'une seule planche de noyer ou de tout autre bois fruitier; mais le noyer seul donne des planches assez larges pour n'en mettre qu'une seule. Quand on fait ces tables plus grandes, on compose le dessus de deux ou trois planches assemblées à rainure et languette, et quelquefois on les consolide en mettant une traverse noyée assemblée d'onglet sur le bout, *voy*. *fig*. 4. Ces tables ont ordinairement 28 à 30 pouces de longueur sur 20 à peu près de largeur; les pieds sont tournés, hormis par le haut, où l'o2 réserve une partie carrée pour les assemblages des traverses. Ces pieds ont à peu près 27 pouces de hauteur. Trois traverses de même bois que le dessus de la table s'assemblent dans le haut des pieds à tenons et mortaises chevillés; ces traverses sont ornées d'une plate-bande, et on en voit la coupe en *a*, même *fig*. 3. On ne met point de traverse par devant; mais seulement une bandelette *b*, même *fig*., affleurant avec le devant des pieds, et assemblée avec eux par des tenons chevillés dans des mortaises : c'est cette bandelette qui supporte le tiroir, conjointement avec des tasseaux assemblés dans cette même bandelette et dans la traverse de derrière. Le fond du tiroir se fait ordinairement en sapin. Les trois rebords en chêne de 4 lignes d'épaisseur, et le devant en même bois que le dessus de la table de 9 lignes d'épaisseur, dont on voit la coupe en *c*, même *fig*. 3. Le talon *d* doit faire une saillie égale à celle de la bandelette *b*, et forme avec elle la même figure que les traverses du derrière et des côtés vues en *a* dans leur coupe ; les carrés des pieds, également saillans finissent l'encadrement.

Les dessus tiennent sur le châssis à l'aide de chevilles enfoncées dans les pieds et dans les traverses.

TABLES A JOUER. Vouloir seulement mentionner les différentes formes des tables à jouer, ce serait entreprendre une tâche difficile à remplir, et il n'en résulterait pas un bien grand avantage pour le menuisier ; nous nous bornerons donc à parler de celles qui, par leur forme particulière, pourraient présenter quelques difficultés.

Nous avons donné, *fig*. 19 et 20, *pl*. 56, le dessin d'une table pliante et tournant sur pivot ; nous y renvoyons le lecteur, parce que cette construction s'applique également à un grand nombre de tables à jeu, en y faisant seulement les changemens dont nous allons lui parler. Dans les tables à jeu, le dessus doit avoir moins d'épaisseur, et être fait en sapin ou autre bois léger ; on recouvre ce dessus d'une couche de crin ou de ouate sur laquelle on étend un tapis de drap ou de serge de couleur verte, qu'on tend le plus possible et qu'on arrête sur les champs du dessus avec des pointes ou des broquettes ; on pose ensuite le long de ces champs des bandelettes de bois assorti avec le corps de la table, saillantes et dessus, et rabattues sur l'étoffe ; la *fig.* 5, *pl.* 59, donnera l'idée de cette manière d'agir : *a* est le dessus de la table recouverte d'étoffe, *b* la bandelette, *c* les vis à tête fraisée à l'aide desquelles cette bandelette est fixée sur les champs. Cette manière de recouvrir les tables brisées est commune à plusieurs autres. On fait sur la partie qui doit former le dessus lorsque la table est pliée, un damier ou échiquier composé avec des carrés amincis d'ivoire ou de houx pour les cases blanches, et d'ébène, de palissandre ou autres bois de couleur foncée pour les cases noires, qu'on peut encore faire avec du poirier teint en noir par l'un des procédés que nous avons donnés dans la première partie de cet ouvrage.

Il est une autre table pliante qu'on appelle TABLE à *quadrille*, dont nous donnons la figure, *pl.* 59, figures 6, 7, 8, 9. Cette table se replie sur elle-même comme la précédente, mais elle ne tourne pas sur un pivot ; elle s'ouvre par le moyen de charnières placées assez souvent sous les bandelettes, semblables à celle *b*, *fig.* 5, dont elle est bordée, ou bien aux points marqués *a a* sur la figure 6. Dans cette table, la partie du dessus. marquée *b* sur la figure, est assujétie à demeure, à l'aide de vis ou de chevilles sur les pieds et le châssis qui la supportent, qui sont vus en *b fig.* 7, et en plan. L'autre partie qui est mobile et marquée *a a* dans la *fig.* 6, se rabat sur le châssis et les pieds mobiles représentés d'ailleurs en *a a a* et en plan, *fig.* 7.

Ainsi qu'on peut le voir, en regardant attentivement les *fig.* 6 et 7, ces pieds et ce châssis sont rendus mobiles à l'aide de coulisses prises sur l'épaisseur des traverses. Quand on veut ouvrir la table, on commence par tirer la partie *aaa*, *fig*. 7. Cette partie est foncée et forme tiroir ; elle s'ouvre jusqu'à ce que la traverse de derrière du tiroir vienne appuyer contre un tasseau ou simplement deux arrêts fixés dans la partie immobile du dessus de la table, et marqués *dd*, *fig*. 6. Le châssis *bbb fig*. 7 est d'ailleurs rendu solide par une traverse *ee*, *fig*. 6 et 7, qui sert en outre à supporter le tiroir. Afin de rendre le mécanisme de cette table plus facile à saisir, nous avons représenté à part sur une plus grande échelle, *fig*. 8 et 9, en plan et en élévation, les traverses dans lesquelles opère la coulisse.

fig. 8, coupe de l'élévation, *a* coupe de la traverse immobile, *b* coupe de la traverse mobile, *c* coupe du fond du tiroir, *d* rainure et languette formant coulisse, *e* ligne ponctuée indiquant la position de la traverse *ee*, *fig*. 6 et 7.

Fig. 9, plan : *a*, pied mobile ; *b*, traverse du devant du tiroir ; *c*, traverse de côté, marquée *b fig*. 8, et sur laquelle se trouve la languette *d* qui glisse dans la rainure de la traverse immobile vue en *a*, *fig*. 8 et en *h*, *fig*. 9. On peut remarquer, au bout de cette traverse, *h* un petit tenon *i* qui doit entrer dans la mortaise *i* et assurer la jointure de la table lorsqu'elle est fermée.

TABLE RONDE ET PLIANTE. La *fig*. 10 de la même *pl* 59 représente une autre table à jouer, faite à peu près suivant le système de celle dont nous venons de de parler ; le dessus est rond et se divise en deux parties, se repliant l'une sur l'autre. On fait au milieu de chacune des moitiés de la table, une échancrure semi-circulaire, qui sert à former un rond vide au milieu de la table lorsqu'elle est ouverte. Ce rond vide se trouve rempli par une boîte ronde à compartimens, attenant au tiroir mobile qui porte le cinquième pied. On pose le chandelier dans le rond réservé au milieu, et on met les cartes ou les fiches dans les cases. Quelques explications jointes à l'inspection de la figure, feront de suite comprendre le mécanisme de cette table.

Soient *a a a a* les pieds fixes de la table dans lesquels s'assemblent les traverses de ceinture sur lesquelles se fixe la partie immobile du dessus de la table. *b b* seront deux traverses à coulisse, assemblées avec les pieds *a a* et avec la traverse droite *c c*. Cette traverse droite est également assemblée avec les deux autres pieds *a a*, et est entaillée au milieu, de manière à livrer passage à la boîte ronde A, lorsque le tiroir est amené dans la place qu'il doit occuper quand la table est ouverte. Ce tiroir, qui est plat, glisse dans les coulisses *b b*, et porte par devant le pied *d* solidement assemblé dans la partie pleine *c*. Cette partie pleine doit saillir en dessus, de l'épaisseur du dessus de la table, et doit être disposée de manière à remplir l'échancrure semi-circulaire lorsque le tiroir est fermé, et que la table est pliée. Quant à la boîte circulaire A, on la fait ordinairement d'un seul morceau, et c'est le tourneur qui la fournit. Ses divisions sont ajoutées après coup. La ligne ponctuée *f* indique la place occupée par la partie mobile de la table lorsqu'elle est ouverte, et l'on voit en *g g* l'endroit où se placent quelquefois les petits tiroirs qu'on ajoute encore pour augmenter le nombre des commodités déjà offertes par cette table.

Indépendamment de ces deux tables, on en voit journellement un grand nombre d'autres dont les unes renferment des trictracs, et les autres d'autres jeux; mais toutes sont des modifications s'écartant plus ou moins des principales dont nous venons de parler. Nous aurions pu également parler ici de la table à galets et du billard qui peuvent être, à la rigueur, regardés comme des tables à jeu; mais nous avons pensé qu'il était inutile de suivre le caprice dans toutes ces mille et une manières de faire, et que le billard, maintenant généralement répandu, exigeait que nous lui consacrassions un article séparé; son importance paraissant devoir le retirer de la classe des tables à jeu ordinaires.

TABLES DE TRAVAIL. Les tables à écrire et les bureaux appellent également l'attention du menuisier en meubles. Leurs formes sont très-variées, et toute l'échelle des difficultés se trouve parcourue entre la simple table représentée *fig* 3, *pl.* 59, et les tables à la Tronchin, et les bureaux à cylindre qui appartiennent à la même catégorie.

Les tables à écrire prennent ordinairement le nom de *bureaux* ; elles sont le plus souvent faites sur de grandes dimensions. Les pieds et traverses de ceinture des bureaux se font avec ou sans tiroirs ; mais dans l'un ou l'autre cas il faut qu'ils n'aient de hauteur, du dessous de la table, que 26 ou 28 pouces au plus (704 à 758 millim.) Leur façon n'a ordinairement rien de particulier, étant, ainsi qu'aux autres tables, composés de quatre pieds ou montans, et de quatre traverses dans lesquelles on peut placer des tiroirs à coulisses.

Les dessus ou tables des bureaux sont composés d'un bâtis de 3 ou 4 pouces de largeur, et quelquefois davantage, sur un pouce d'épaisseur, assemblé à bois de fil et rempli par un panneau de sapin renfoncé au dessus d'environ une ligne, afin de laisser la place du maroquin qu'on colle ordinairement dessus et qui doit affleurer avec le bâtis du pourtour de la table.

Les bureaux, même les plus simples, sont ordinairement garnis de trois tiroirs sur la largeur ; lesquels ouvrent immédiatement du dessous de la table pour leur donner le plus de profondeur possible, laquelle ne peut être que de 3 à 4 pouces au plus, parce qu'il faut, ainsi que nous venons de le dire, qu'il reste au moins 20 pouces d'espace entre le plancher et le dessous de la traverse qui porte le tiroir, afin que les jambes des personnes assises puissent y tenir à l'aise.

Il sera plus convenable de diminuer la profondeur des tiroirs et de mettre une traverse par le haut du pied de la table d'un pouce environ de hauteur, dans laquelle on puisse assembler les montans qui séparent les tiroirs, ce qui soulagera la traverse de dessous, qui, étant seule, est forcée de ployer sous leur poids. Cela évitera d'ailleurs d'assembler les montans dans le dessus de la table, ce qui fait un assez mauvais effet. Il est à propos de mettre un double fond sous les tiroirs; il sert à les renfermer d'une manière sûre.

Les bâtis des tiroirs doivent être assemblés à queue d'aronde au nombre de deux ou trois sur la hauteur; il faut aussi placer les queues dans les côtés des tiroirs, afin qu'en les attirant à soi on ne les fasse pas désassembler; on doit aussi laisser une barbe aux côtés des tiroirs pour remplir le vide de la languette du fond qu'on doit assembler dans les bâtis à rainure et languette : les fonds seront disposés à bois de fil sur leur largeur, ou pour mieux dire sur leur sens le plus étroit.

Lorsque les mesures que nous indiquons pour les tiroirs ne peuvent satisfaire au besoin, et qu'on veut, par exemple, mettre une caisse ou coffre-fort sur le côté, on cintre le milieu de la traverse du devant, et l'on peut, dans ce cas, donner 6 et même 8 pouces de hauteur aux tiroirs des deux côtés, sauf à laisser au tiroir du milieu la hauteur que nous venons d'indiquer pour les cas ordinaires.

On pratique quelquefois sur les côtés des bureaux, des tables ou rallonges qui se tirent dehors au besoin. Ces rallonges se construisent comme le dessus des bureaux. On doit avoir soin de disposer leurs bâtis de manière que quand elles sont tirées, il reste un champ apparent au dehors du bureau égal à ceux du pourtour. La largeur, ou plutôt l'épaisseur des coulisseaux est bornée par celle des tables qui doit être de 8 à 9 lignes, plus 6 lignes de joue de chaque côté. Depuis quelque tems on substitue à ces tablettes à coulisses, qui ne sont pas toujours très-solides, des tablettes pliantes à charnières, qui se rabattent de chaque côté, et se tiennent ouvertes au moyen d'équerres à pivots en cuivre ou au moyen de coulisseaux.

On place quelquefois au dessus des bureaux des *cassetins* ou *serre-papiers* de 6 à 8 pouces de hauteur; on en met une ou plusieurs rangées. Ces serre-papiers forment un corps à part qu'on peut ôter lorsqu'on le juge à propos et qu'on arrête sur le dessus de la table du bureau à l'aide de chevilles ou de vis. On fait ordinairement ces serre-papiers en chêne uni, de 4 lignes, et on assemble à queues perdues.

Le dessus des bureaux est communément recouvert en maroquin ou en basane de couleur noire. Quand la table est entièrement finie, on coupe le maroquin de la grandeur de l'espace à recouvrir, moins 4 à 6 lignes environ au pourtour; puis on met sur la table une couche de colle de farine; on applique la peau, on prend une serviette qu'on étend dessus, on appuie au milieu avec

une main, et de l'autre on fait adhérer
la peau en pressant doucement dessus et
lui donnant une impulsion vers les bords
de la table, ce qui la fait allonger à mesure que la colle la pénètre, et lui donne
la facilité d'aller rejoindre la faible saillie
formée par le plus d'épaisseur du châssis.
Quand les peaux, maroquin ou basane
ne sont pas assez grandes, on en met deux
jointes l'une contre l'autre.

Les peaux de veau apprêtées au suif,
et teintes en noir, sont préférables pour
les tables à écrire d'un usage journalier;
elles se collent de même que les autres
peaux, excepté qu'elles prêtent moins et
qu'elles exigent une colle plus forte.

Cette manière d'étendre la peau n'est
pas généralement suivie; beaucoup d'ouvriers préfèrent ne couper la peau que
lorsqu'elle est étendue; par ce moyen ils
sont plus sûrs d'arriver au remplissage
exact de l'encadrement. Lorsqu'ils sont
obligés de mettre deux peaux, ils la dé-
doublent sur les rives qui doivent s'assembler; et, pour rendre la jointure d'autant moins sensible, ils impriment dessus, à l'aide d'une roulette de doreur, une
feuille d'or en vignette, comme le font
les relieurs sur le dos des livres. En gé-

néral, pour peu qu'un bureau ait de la valeur, on encadre le cuir avec une vignette dorée.

Nous avons représenté, *pl.* 57, un bureau à écrire garni d'un casier disposé à recevoir des tiroirs et des cartons. Nous n'avons mis qu'une tablette; mais on peut en mettre davantage; on conçoit facilement que nous ne pouvons entrer dans un détail circonstancié de la fabrication de ces meubles; s'il fallait décrire chaque assemblage, donner les épaisseurs de chaque pièce, nous ferions un très-long chapitre, utile sans doute pour les apprentis, mais dont les ouvriers nous sauraient peu de gré. Nous tâchons, autant que possible, de marquer l'ensemble de l'opération, et de signaler les moyens de vaincre les difficultés saillantes, nous en rapportant, pour le surplus, aux planches et à la sagacité des ouvriers.

TABLES A LA TRONCHIN. Ces tables, d'une exécution assez compliquée, présentent de si grands avantages, que nous croyons devoir consacrer une planche entière à leur description. Nous n'en trouvons aucune mention dans les ouvrages qui ont précédé le nôtre : nous la trouvons seulement nommée dans un *Traité de l'Ebénisterie*, publié en 1828. Ce silence nous paraît d'autant plus inconcevable, que cette table est anciennement connue, et que le menuisier d'une petite ville, auquel on en ferait la commande, se trouverait très-embarrassé, puisqu'il n'en trouverait que difficilement un modèle exécuté, ces sortes de tables ne se rencontrant guère que dans les cabinets des chefs d'administration ou autres endroits consacrés à l'étude. Comme nous avons pensé qu'il était indispensable d'en donner une connaissance parfaite, nous n'avons reculé devant aucune difficulté, et nous en avons dessiné toutes les pièces avec une rigoureuse exactitude, en regrettant toutefois que notre format ne nous ait pas permis de les faire toutes sur la même échelle, mais nous ait contraint, au contraire, de faire pour ainsi dire chaque figure dans une proportion différente, inconvénient auquel nous parerons en faisant mention, dans notre texte, des longueur, largeur et épaisseur des diverses pièces et traverses.

Ces tables ont cela de particulièrement avantageux, qu'elles réunissent plusieurs des commodités offertes par d'autres meubles : elles sont table, bureau à tablettes, pupitre ; et, enfin, en les ouvrant à hauteur convenable, elles offrent la facilité à l'homme fatigué, échauffé par un long travail assis, de pouvoir continuer à écrire debout : les médecins en recommandent l'usage, et les personnes qui suivent en cela leurs conseils s'en trouvent bien. La figure principale de la *pl.* 60, représente cette table vue au degré d'ouverture le plus propre à en bien faire comprendre le mécanisme. Elle se compose d'abord d'un bâtis ordinaire formé de quatre pieds et de quatre traverses, le tout élevé de terre de 2 pieds 3 pouces environ, pouvant avoir 2 pieds 4 pouces 1 lig. de face, sur 18 pouces de profondeur, la traverse de ceinture occupe environ 4 pouces 5 lignes. Ces traverses sont marquées A A, dans la figure principale ; elles s'assemblent dans les pieds de manière à les laisser saillir d'une ligne ou deux, laquelle saillie, jointe à celle que l'on ajoute ou que l'on pratique sur la traverse, sert à faire un encadrement en plate-bande. On met un fond entre ces traverses, et de plus on pose deux traverses à coulisses dans lesquelles glissent les tablettes BB, recouvertes d'un cuir ou maroquin, et garnies à leur partie antérieure d'un anneau brisé ou d'un bouton servant à les tirer. L'espace compris entre ces tablettes reste vide et sert à recevoir les livres, papiers, écritoires et autres objets qu'on veut y déposer. Ces tablettes sont très-utiles à la personne qui écrit debout sur cette table ; elle y dépose les objets qui ne pourraient tenir sur la table principale, lorsqu'elle est ouverte, attendu son inclinaison.

Le bâtis dont nous venons de donner la description ne diffère, comme on le voit, qu'en bien peu de chose de ceux des tables ordinaires ; c'est la façon du dessus qui présente quelque difficulté, et c'est aussi dans sa mobilité que se trouvent les avantages que procure cette table. Ce dessus est composé de quatre traverses assemblées d'onglet, formant un encadrement de 2 pieds 5 pouces 9 lignes environ de largeur, sur 20 pouces 5 ou 6 lignes de profondeur.

Ces mesures, comme on doit bien le penser, ne sont pas de rigueur ; elles ne peuvent jamais être que relatives à la grandeur totale qu'on veut donner à la table en longueur et largeur ; la hauteur totale, la table fermée, devant toujours être à peu près la même dans tous les cas, et ne pouvant beaucoup s'éloigner de 805 millimètres (2 pieds 5 pouces 9 lig.). En les donnant, nous avons l'intention de faire sentir une différence essentielle à observer dans les épaisseurs et les longueurs, afin que les divers châssis dont il va être parlé puissent facilement se placer les uns dans les autres, et que les saillies en dehors du bâtis soient convenables pour la grâce du profil : nous continuons notre explication.

Cet encadrement, marqué C sur la figure, renferme, au moyen de rainures et languettes, un panneau mince qu'il déborde en dessus d'une ligne, plus ou moins, suivant l'épaisseur de la peau D qui le recouvre, et qu'il déborde en dessous de 3 lignes au moins, afin de pouvoir recevoir dans l'encadrement qu'il forme une partie de l'épaisseur du châssis E , dont il sera ci - après parlé. Ce panneau est ordinairement composé de deux larges traverses en croix et de quatre carrés pleins, le tout assemblé à rainures et languettes, et affleurant, afin de ne laisser aucune inégalité soit du côté du cuir, soit du côté opposé. La peau s'étend dans l'encadrement de la manière dont nous avons parlé ci-dessus, page 106.

Le dessus est garni par-devant d'un arrêt *a a*, qui empêche les registres de glisser lorsqu'il fait pupitre ; il est fixé au châssis G, dont il sera parlé dans l'instant, par trois charnières en cuivre *b b b*, ce qui donne la facilité d'ouvrir cette table par derrière et d'en faire un pupitre incliné à volonté, en la supportant avec le châssis E E E, qui s'arrète dans la crémaillère pratiquée sur le dessus du châssis à coulisse G, dont il va être également parlé. Dans ce cas la table ne présente encore qu'un pupitre ordinaire sur lequel on peut écrire étant assis.

Pour convertir ce pupitre en un autre pupitre assez élevé pour écrire debout, on prend la traverse antérieure du châssis G par les deux bouts, et on enlève la table en faisant sortir des trous qui les reçoivent les crémaillères H H, et en les maintenant au degré d'élévation convenable, au moyen de ressorts dont il sera parlé plus bas, et dont le bouton se voit à droite en I de la figure principale.

Tels sont les divers mouvemens de cette table : il nous reste à dire comment ils s'opèrent.

Prenons-la d'abord entièrement fermée, présentant l'aspect d'une table à écrire ordinaire, et pouvant en servir ; le dessus doit affecter la forme offerte par la *fig.* 1re des détails. On y voit en C le profil des traverses de l'encadrement C, figure principale ; en F G, le profil des châssis F G. C'est sur la ligne *a* que se trouve la brisure *b*, *b*, *b*, et sur celle *b* que se trouve l'ouverture maintenue par les crémaillères H H : on voit aussi en *c* de cette figure, la tablette à coulisse située à la gauche de l'écrivain.

Le mouvement par lequel on convertit cette table en l'élevant par derrière, est si simple, qu'il n'exige aucune explication : il n'en est pas de même de celui au moyen duquel elle devient un pupitre à écrire debout ; c'est là que se trouve la complication ; nous allons nous efforcer de la faire comprendre.

S'il était possible de s'écarter de la position perpendiculaire, ce mouvement serait très-facile à produire ; le châssis F tournant sur les pivots des charnières *c c c*, s'ouvrirait tout simplement comme les branches d'un compas ; mais alors, comme le devant *a a* de la table de la figure principale, attaché par les charnières *b b b* à la traverse antérieure de ce châssis F, fuirait en arrière avec elle en décrivant une portion de cercle, il deviendrait nécessaire d'avoir des crémaillères H H courbes, qui pussent suivre ce mouvement courbe, ce qui serait fort difficile à obtenir, puisque des crémaillères courbes ne pourraient se placer dans des pieds droits. On se serait alors, en supposant que l'on surmontât cette difficulté, donné beaucoup de peine pour produire une chose vicieuse ; car la table étant portée en arrière par suite du mouvement courbe, il en résulterait que le devant A appuierait contre le ventre de l'écrivain, qui serait obligé de se tenir penché en avant pour aller chercher le dessus de la table, position très-fatigante, qui ferait tomber le poids de la partie supérieure du corps sur les coudes, et s'opposerait au libre exercice des bras. Un moyen très-ingénieux a paré à ces inconvéniens, en conservant à la table C D sa position perpendiculaire au-dessus du châssis A A. Le voici :

Au lieu de se contenter des deux châssis E F, on a ajouté le troisième châssis G, se mouvant par une coulisse dans le châssis F, ainsi qu'on peut le voir dans la coupe, *fig.* 2 des détails, et formant avec lui un seul et même châssis qui a la facilité de s'étendre à volonté pour compenser l'écartement de la perpendiculaire, et qui fait l'effet d'un châssis fixe, assez grand pour fournir la diagonale F G. Ce châssis G tient, par sa traverse antérieure, d'une part aux crémaillères H H, qui sont arrondies par le haut, au moyen d'une brisure dont nous allons parler, et de l'autre à la table supérieure C D au moyen des charnières *b b b*. Ce châssis exige que nous nous arrêtions à ce qui le concerne.

Si l'on se reporte à la figure des détails où le châssis G est représenté à part, sur une moindre échelle, on voit que deux crémaillères sont entaillées en *a a* sur ce châssis, la traverse du devant sur laquelle sont posées les charnières *b b b*, ne doit pas être semblable aux trois autres traverses, et c'est sur ce point délicat que j'appelle toute l'attention des lecteurs ; elle doit être plus épaisse et être ornée sur sa tranche antérieure et sur ses bouts, d'une moulure absolument semblable à celles poussées sur les rives du châssis F. Les traverses crémaillées *a a* doivent affleurer avec elle par dessus ; mais en dessous elle doit les dépasser d'une épaisseur égale à l'épaisseur de la traverse F *f*, châssis F, *fig*. 2 et 7 des détails ; afin de pouvoir se raccorder avec les trois traverses extérieures du châssis F, lorsque la table est fermée, ainsi qu'on le voit en F G, *fig*. 1re des détails.

Le raccord de cette traverse avec l'encadrement du châssis F, sera encore mieux compris si l'on regarde attentivement la figure principale et le profil de ce même châssis, vu de profil en *x g*. Quant à la manière dont le châssis G glisse dans la coulisse du châssis F, la *fig*. 2 la fera suffisamment comprendre, la traverse F *f* concourant à son soutien.

7*

Nous avons d'ailleurs représenté à part, et sur une plus grande échelle en G *g*, un fragment d'une des traverses *a a* avec sa crémaillère.

Quant au châssis F, il doit être fait avec du bois de 10 lignes d'épaisseur environ, et les deux traverses *a a* doivent avoir une rainure indiquée dans la figure par une ligne ponctuée, et dans laquelle entrent à pression modérée les languettes *b b*, *fig.* G et *fig.* 2. La seule traverse F *f* est moins épaisse que les trois autres : les traverses *a a* du châssis F sont entaillées en *k*, pour l'usage dont nous allons faire mention plus bas, en parlant des crémaillères H H.

Nous avons peu de choses à dire du châssis E ; il se fait en bois mince, de 3 ou 4 lignes d'épaisseur : on le taille en biseau par ses deux extrémités *a a*, afin qu'il puisse mieux prendre dans les crémaillères *a a* du châssis G ; il est fixé dans la table C D, figure principale, au moyen des deux tourillons en fer ou en cuivre *b b*, entrant dans deux trous pratiqués sur le côté des traverses latérales C C, dans la partie qui désaffleure en-dessous le panneau, partie qu'on renforce à cet endroit par le lardon coudé en cuivre représenté à part en *c*, même figure E.

Les crémaillères H H, longues de 18 pouces environ, entrent dans des trous pratiqués dans les pieds de devant : elles sont composées de bois de fil de 10 lignes environ d'équarissage, les *fig*. 3, 4 et 5, en représentent une vue sur trois de ses faces. Dans la *fig*. 3, on la voit en perspective par-devant et du côté gauche, sur lequel est pratiqué la denture. La *fig*. 4 la montre vue de ce côté, le gauche ; enfin la *fig*. 5 la représente vue par derrière. La *fig*. 3 représente, en outre, la brisure au moyen de laquelle les crémaillères sont attachées à la traverse antérieure du châssis G. On y distingue aussi en *a a* les doublures en cuivre dont on la consolide par le haut. On voit également ces doublures en *a a*, *fig*. 4 et 5. On met, sur la face de gauche de cette crémaillère, une garniture en cuivre *b b*, *fig*. 4 et 5, qui sert à renfoncer les dents, et est nécessaire pour la conservation de leurs vives arêtes ; cette garniture se fixe avec des vis fraisées.

La *fig*. 6 représente, vue de profil, la brisure en cuivre ; on y voit en *a* le trou de la goupille, et en *b b* les vis qui fixent la plaque après la traverse de devant du châssis G ; mais il faut faire attention que cette plaque ne porte pas seulement sur cette traverse de devant, mais bien encore sur celle de côté, qui est, ainsi que nous l'avons fait observer, et qu'on peut le voir dans la figure principale et dans la *fig.* 2 des détails, plus mince que cette première, et qu'alors elle ne peut porter sur toutes les deux, celle de devant désaffleurant, pour assortir avec le châssis F ; on est alors obligé de rapporter une petite pièce carrée, de l'épaisseur de la traverse F *f*, *fig.* 2, sur laquelle appuie la plaque en cuivre, et qui est fixée par l'une des vis *b*, *fig.* 6. C'est pour que cette petite pièce rapportée ne s'oppose pas à la fermeture qu'on fait aux traverses *a a* du châssis F, l'échancrure *k*, égale en grandeur à la pièce rapportée. Nous avons représenté à part, sur une plus grande échelle, *fig.* 7, le bout d'une de ces traverses du châssis F, afin qu'il fût facile de bien comprendre comment se fait l'échancrure *k*, et nous avons figuré, par des lignes ponctuées, l'espace occupé par la pièce rapportée, qui pourra être faite, si on s'est servi d'une scie très-fine, avec le morceau même qui aura sorti de l'entaille *k*. Cette pièce rapportée se voit en *a*, dans le profil du châssis G, *fig. x g*.

Il ne nous reste plus qu'à donner la description de la ferrure à l'aide de laquelle on tient les crémaillères, et par conséquent l'ouverture de la table, à la hauteur voulue.

Nous avons dit que les crémaillères se logeaient dans des trous pratiqués dans les pieds de devant, et qu'elles étaient retenues à la hauteur convenable par des ferrures à ressorts. Nous en avons représenté l'ensemble et les détails dans les *fig*. 8, 9, 10 et 11 de la même *pl* 60. On pratique, sur le dessus du pied et de la traverse latérale, une entaille profonde de 12 ou 15 lignes, et de la grandeur indiquée par A et B, *fig*. 8 : cette entaille doit être ensuite recouverte par une semelle de cuivre de forme parallélogramme, fixée avec des vis fraisées. La ligne ponctuée courbe *a a*, *fig*. A B, indique le bois qu'on laisse ordinairement, et dans lequel s'implantent les vis qui fixent la plaque de recouvrement dont la grandeur est d'ailleurs indiquée par les lignes ponctuées *b b*. Cette plaque doit être posée dans un encastrement, et affleurer le dessus des pieds et des traverses. Elle est en outre percée d'un trou carré, de calibre avec les crémaillères qui doivent y passer librement.

On fixe au fond de l'entaille le pêne flexible *d*, à l'aide de deux vis. Ce pêne doit être taillé en biseau, de manière à pouvoir entrer dans les dents des crémaillères. Il est fait en fer, rendu élastique sur sa tige au moyen d'une forge à froid qui en refoule les pores; c'est ce que les serruriers nomment *rebattre, écrouir:* nous avons représenté ce pêne, vu à part et plus en grand, *fig.* 10; *a* le fait voir en dessus; *b* le fait voir de profil. *c c c* sont les trous par lesquels passent les vis qui le fixent au fond de l'entaille; *d*, l'œil par lequel passe la tige *fig.* 9; *f*, le biseau qui entre dans les dents de la crémaillère.

On fixe également, avec deux vis, au fond de l'entaille et à la gauche du pêne l'arrêt *i*, représenté à part, *fig.* 11, vu en dessus et de profil.

On s'occupe alors de la tige en cuivre représentée à part, *fig.* 9. Faite avec du gros laiton, elle est ornée, par son extrémité de droite, d'un large bouton arrondi, et percée de quatre trous destinés à rece-

voir des goupilles. Deux de ces trous sont
faits sur un sens, et les deux autres dans le
sens contraire. Dans les trous *a*, *fig*. 9,
on passe des goupilles en fer qui forment
arrêt contre le pêne auprès du trou *d*, *fig*.
10. Dans les trous *b*, on plante d'autres
goupilles qui servent à accrocher l'arrêt *i*,
vu à part, *fig*. 11. Le passage de la tige
s'entaille dans la traverse de devant au
moyen d'une rainure, et dans les pieds
par un trou de calibre. Lorsqu'en supportant la table du pupitre de la main
gauche, on vient à pousser avec la droite
le bouton K, *fig*. 8, les deux goupilles
a a, appuyant contre les pênes, les font
reculer de quelques millimètres en suivant la ligne *j*, *fig*. 8, et quitter les
dents des crémaillères H H, qui deviennent alors libres de monter ou de descendre. Si l'on veut tenir un instant les
pênes ouverts, pour trouver la hauteur exacte qu'on veut donner au pupitre, on tourne un peu le bouton *k*, et
alors les goupilles *b b*, passant derrière
l'arrêt *i*, retiennent les pênes ouverts
et laissent les deux mains libres ; lorsqu'on a fini, on retourne ce bouton K, et
alors les pênes n'étant plus retenus, vien-

nent reprendre les dents des crémaillères.

Telle est la seule méthode de bien faire la table à la Tronchin. Ceux qui mettent quatre crémaillères, une dans chaque pied, se donnent beaucoup plus d'ouvrage, et font un meuble incommode, en ce point surtout qu'il faut être deux pour monter la table, et qu'il est fort difficile de lui conserver alors sa parfaite horizontalité. Nous avons donné une attention particulière à sa démonstration parce qu'avant nous personne ne s'en est occupé, et que nous pensons que c'est surtout sur les parties négligées qu'il convient de nous arrêter, lorsque, comme dans le cas actuel, ces parties omises ou négligées, sont d'une importance réelle. Nous croyons remplir un devoir en ne reculant alors devant aucun moyen de parvenir à une explication claire et satisfaisante, quelques peines qu'elle dût nous donner ; et, quoique bien convaincu que les compilateurs s'empareront de suite du résultat de nos travaux : notre but principal étant de répandre le plus possible les connaissances utiles.

TABLES A DESSINER ET A GRAVER. Ces sortes de tables sont peu connues hors de l'enceinte de la capitale et des grandes villes : elles sont peu connues parce qu'ailleurs le besoin ne s'en fait pas autant sentir : il ne peut y avoir de nombreux graveurs que là où se font de grandes entreprises de librairie. Ces tables sont donc d'une utilité bien moins générale que les autres. Ces considérations nous déterminent à passer légèrement sur ce qui les concerne ; il serait d'ailleurs impossible de décrire toutes leurs formes. Par cela même quelles sont peu connues, chaque ouvrier auquel on en a demandé a été obligé de chercher dans sa tête les moyens d'exécution, et ces moyens ont plus ou moins varié, suivant que le génie de l'ouvrier était plus ou moins inventif, et encore suivant le prix plus ou moins élevé qui était consenti pour la fabrication. Lorsqu'il s'est agi de dessiner ces tables, nous avons reculé devant les variétés qu'elles ont présentées. Les unes étaient à pivot, les autres à vis, d'autres encore à quatre crémaillères. Quelquefois le siége de l'artiste tournait avec la table, afin qu'il lui fût possible de suivre les gradations de la lumière selon la hauteur du jour. D'autres fois, les tables superposées roulaient sur gonds ; les unes, supportées par des consoles en fer tournantes, s'abaissaient contre les murs et n'occupaient que peu de place lorsqu'elles étaient fermées ; les autres, étaient de grandes tables rondes, supportées par une seule colonne, et tournant sur cette colonne de manière que tous les objets posés sur sa circonférence passaient tour à tour devant la personne assise, sans qu'elle fût obligée de se lever pour les aller chercher : ces dernières tables offrent de l'avantage aux enlumineuses et aux coloristes qui ont plusieurs teintes successives à coucher sur les nombreuses épreuves d'un même dessin. Si nous joignons à la mention de toutes ces tables, les mille et une formes données à celles qui reçoivent les effets de la chambre obscure, et dont le dessus est assez ordinairement une glace dépolie sur laquelle on calque les objets qui viennent s'y peindre, on comprendra facilement que la description la plus économe de mots et la simple figure de l'ensemble, telle réluite fût-elle, que nous aurions pu faire, nous auraient entraîné plus loin que l'importance réelle de ces objets ne semble l'exiger. Assurément personne ne se serait avisé de prétendre que ce travail eût été étranger à notre sujet ; mais, cependant, il faut savoir s'imposer des limites, même dans les choses utiles ; et, obligé de choisir, nous avons dû nous restreindre, non pas à garder un silence absolu, suivant l'exemple que nous offraient les Traités précédens, mais du moins, aux réflexions générales que nous venons d'exposer, qui feront naître des idées et fixeront l'attention des personnes qui, en dessinant, en peignant ou en gravant, sentent bien qu'ils n'ont pas toutes leurs commodités, qu'il leur manque quelque chose, mais ne peuvent concevoir les moyens d'obvier à ce malaise.

En recherchant quels avantages les graveurs s'attachaient à trouver dans leurs tables, nous avons reconnu que les deux principaux consistaient, 1° dans la facilité de donner à volonté plus ou moins de pente aux dessus formant pupitre, afin de faire refléter d'une ou d'autre manière, les rayons du jour dans les tailles ; 2° dans la facilité de faire tourner la table sur elle-même, afin d'avoir le jour à gauche, à droite ou de face, suivant le besoin; le châssis huilé et l'exposition au nord ne suffisant pas toujours pour produire l'uniformité de la lumière. Ces deux points principaux nous ont paru être ceux vers lesquels tournent sans cesse les intentions des artistes; et, sous ce rapport, la table extrêmement simple et peu coûteuse que nous avons choisie entre beaucoup pour la dessiner, nous a paru devoir contenter la majeure partie de leurs besoins. Nous allons en faire une courte description, en ménageant, autant que possible, les figures, cet objet ne devant être que d'un intérêt secondaire pour la plus grande partie de nos lecteurs.

On fait en bois de chêne, épais et compacte, un châssis ordinaire composé de quatre pieds massifs et de quatre traverses de ceinture, formant un carré parfait. Ce premier châssis est marqué A A sur la *fig.* 7, *pl.* 62. On fait ensuite un second châssis, vu à part, *fig.* 8, même planche, de même bois, de 10 lignes ou 1 pouce d'épaisseur, posé à plat, dont chacune des traverses d'encadrement aura 5 ou 6 pouces de largeur. Ce châssis sera consolidé par un croisillon C de bois de même épaisseur, assemblé à mi-bois dans son milieu, et traversé d'une mortaise carrée D, dans laquelle est entré, à force, le haut du cinquième pied E, figure d'élévation, qui doit, par conséquent, se trouver au milieu de la table. Ce châssis B ne se fixe point sur le châssis A, il n'y tient que par son propre poids, et est rendu mobile par le moyen dont nous allons parler. On trace, à partir du centre de la mortaise D, deux grands cercles concentriques représentés, attendu qu'ils sont vus en perspective, par l'ellipse ponctuée F F, *fig.* 8; ils servent à déterminer le tracé d'une gorge circulaire de 3 lignes à peu près de profondeur, que l'on creuse sur la face du châssis B, qui doit se trouver en dessous, et l'on enfonce dans les pieds, et quelquefois sur le champ des traverses A A, des chevilles qu'on laisse dépasser de 3 lignes environ, et qui sont placées de manière qu'elles entrent dans la rainure circulaire. Cette rainure étant graissée ou enduite de savon, le châssis B tourne facilement sur le châssis A, par un mouvement uniforme et régulier, sans pouvoir s'échapper, puisqu'il est retenu par les bouts des chevilles qui dépassent sur le châssis fixe A. Voilà donc déjà le premier mouvement trouvé.

Pour faire incliner à volonté le dessus de la table de manière qu'il présente l'aspect d'un pupitre, on fixe le dessus G de la table après le châssis mobile B, au moyen des trois charnières *h h h*, et pour lui donner l'élévation convenable on met dessous un châssis semblable à celui E de la table à la Tronchin, *pl.* 60. On pratique alors deux crémaillères entaillées sur les côtés B du châssis mobile, vu à part, *fig.* 8. Mais cette manière d'agir est peu usitée, attendu que cette table étant très-lourde et souvent peu ouverte, les branches du châssis E, qui entrent dans les crémaillères se trouvent alors très-inclinées, fatiguent beaucoup et rendent un mauvais office. On préfère avec raison la crémaillère courbe H H, *fig.* 7, que nous avons représentée hors de perspective, afin de la faire comprendre, sans faire une figure de détail : elle doit être censée vue en bout. Cette crémaillère, qu'on renforce ordinairement sur les côtés par des lames de cuivre laminé ou de la tôle, a ses dents sur la partie concave, et passe, à pression exacte, mais libre, par une mortaise inclinée I, pratiquée au pied E, puis par

une autre mortaise J, *fig*. 8, pratiquée
à la traverse du croisillon qui se trouve
vis-à-vis. Elle arrive alors à toucher le
dessous de la table G, à laquelle elle est
attachée au moyen d'une brisure du
genre de celle dessinée *fig*. 3 et 6, *pl.* 60.
Derrière le pied du milieu E, au-dessus
de la mortaise I, est cloué ou mieux fixé
avec des vis, un morceau de ressort d'acier,
faisant rochet, que nous avons fait voir
en L dans la figure, bien qu'il ne dût
pas être vu dans la position où est la table
relativement au spectateur, puisqu'il est
derrière le pied.

Lorsque le dessinateur est assis et que
la table est fermée, le bout de cette crémaillère se trouve entre ses jambes ; s'il
veut hausser la table et lui donner la
pente d'un pupitre, il appuie sur la poignée M, qui fait alors lever cette table
par derrière, et le ressort, en retombant
dans chaque dent, et en faisant rochet,
s'oppose à ce que la crémaillère puisse
revenir sur le coup, et maintient la table
élevée suivant le degré d'inclinaison
voulu, depuis une pente insensible jusqu'à une situation presque verticale.
Lorsqu'on veut remettre la table à plat,
il faut passer un doigt sous le ressort

pour l'empêcher de retomber; la pesanteur de la table suffit alors pour ramener la crémaillère à sa place. Lorsqu'on veut tourner la table, le pied E, ainsi que la crémaillère tournent sur l'entretoise N, dans laquelle le pied entre à pivot. Cette entretoise est solidement assemblée avec les traverses qui réunissent les pieds.

Quelquefois on remplace le rochet L par une vis de pression à oreille, placée sur le côté droit du pied E, sur le côté de la mortaise I, et que nous avons indiquée sur la figure par un tracé ponctué *o*. L'écrou en fer dans lequel passe cette vis est encastré ou fixé à l'extérieur par des vis à bois.

Bureaux a cylindre. Ce genre de bureaux est depuis long-tems à la mode, et tout fait présager que ce goût durera encore long-tems, parce que ce meuble offre des avantages réels, qu'il est beau et bien *meublant*. Il est vrai que le prix toujours élevé auquel le long travail qu'il nécessite et la grande quantité de matière employée à sa fabrication le maintiennent, s'opposera à ce qu'il soit jamais bien répandu ; mais, quoi qu'il en

soit, il se trouvera des cas où le menuisier en meubles, et surtout l'ébéniste,
en recevront la commande. Un des principaux avantages de ce bureau réside
dans le cylindre qui, lorsqu'il est fermé,
recouvre les papiers exposés sur la table
et déposés dans les divisions du casier. On
construit ce meuble de plusieurs manières : 1° en ne mettant qu'une seule rangée
de tiroirs qui sont simplement supportés
par la traverse des pieds, et le double
fond ; 2° en cintrant la traverse de devant
et mettant de chaque côté des tiroirs à
caisse ; 3° en le faisant plein, bâti sur
estrade, et ayant de chaque côté des tiroirs jusqu'à terre, ou au niveau du
dessus de l'estrade.

Nous n'entrerons pas dans d'aussi
longs détails sur ce meuble, parce qu'il
sera plus facile de le voir et de l'étudier
sur l'exécution, ce qui est toujours préférable à toutes les explications verbales
et aux dessins les mieux faits. Nous
nous bornerons à l'explication de la figure. Pour ce qui concerne la manière
de plaquer le cylindre, nous renvoyons
à l'article *Placage* dans le chapitre *Ébénisterie.*

La planche 59 représente un bureau à

cylindre vu de face, et en coupe de profil ; A A, font les pieds ; BB les traverses de ceinture. Les traverses par derrière et sur les côtés ont une hauteur égale à $x\,x$, *fig.* 1re. Par devant, ainsi qu'on le voit en BBB, même figure ; cette traverse unique est remplacée par huit traverses étroites qui supportent les tiroirs et le contre-haut de la table $x\,y$. Cette table est mobile et se tire en avant ; souvent même le mécanisme est disposé de manière qu'en la tirant, un ressort fait ouvrir le cylindre et que lorsqu'on la pousse pour fermer le bureau, le cylindre descend de lui même et qu'une même clé ferme le tout. On voit en ccc les compartimens du casier : D est le cylindre, EE les pilastres qui supportent le double fond F ; le bureau est surmonté par une rangée de tiroirs G, et recouvert par le marbre H.

Toute la structure de ce meuble sera facilement comprise ; mais le cylindre pourra présenter quelques difficultés d'exécution. Il doit avoir environ 16 pouces de diamètre, ce qui donnera 2 pieds à la longueur de ses côtés. On le fait mouvoir de plusieurs manières ;

quelquefois à l'aide de deux bras en fer ou en cuivre qui le supportent, I *fig.* 2, plus communément à l'aide de deux rainures circulaires creusées sur les côtés et dans lesquelles entrent des languettes également circulaires, reservées sur le champ latéral du cylindre. On trace la rainure circulaire à l'aide d'un compas à verge du genre de celui représenté *fig.* 4, *pl.* 3, 1ʳᵉ partie de cet ouvrage, dans lequel la pointe à tracer de la pièce mobile C, est remplacée par un morceau de scie un peu courbe ; on ne laisse de saillie à cette lame de scie hors le curseur, que juste ce qu'il faut pour la profondeur de la rainure ; on fait alors mouvoir le compas jusqu'à ce que la scie cesse de mordre ; on laisse entre les deux traits de scie concentriques un espace égal à la largeur qu'on veut donner à la rainure, qui doit avoir ordinairement entre 5 et 6 lignes, et on enlève le bois contenu entre les deux traits avec le ciseau ; pour l'égaliser au fond, on se sert d'une guimbarde ayant la portée requise pour la profondeur de cette rainure, qui varie entre 3 et 4 lignes. Dans les bureaux de prix, cette rainure est en cuivre et la languette du cylindre en fer

poli, fixés avec des vis fraisées ; le frottement étant alors plus doux que celui fait
bois contre bois, il est très-probable qu'on
ne fera quelque jour les coulisses que
de cette manière, et qu'on trouvera à les
acheter toutes faites chez les quin-
cailliers, comme on y trouve déjà les
autres ferrures de meubles.

Lorsque le menuisier n'a pas l'occasion d'employer le fer et le cuivre, qu'il
a creusé la rainure comme nous venons
de le dire, et qu'il s'agit de faire la languette en bois, il lui est beaucoup plus
commode de la faire rapportée. Il y a
deux manières de faire ce rapport : 1°
En creusant soit à l'aide d'un bouvet
courbe, soit par le moyen ci-dessus dé-
signé, une rainure semblable à celle
faite sur le côté du bureau, sur le champ
latéral du cylindre, dans laquelle on fait
entrer, en la ployant, une tringle de
bois souple, bien dressée, qu'on colle
dans cette rainure en la laissant saillir
proportionnellement à la profondeur de
la rainure qui doit la recevoir ; soit en
posant tout simplement cette tringle sur
le champ du cylindre, et l'y fixant suivant la courbe qu'elle doit décrire, par
des pointes, des chevilles ou des vis

fraisées. Quand on l'a posée d'une ou d'autre manière ; on l'ajuste avec la rainure, on savonne l'une et l'autre et on les fait jouer pour rompre les raides qu'on peut d'ailleurs recaler lorsqu'on les a reconnus.

Quant au cylindre, il se compose de plusieurs morceaux assemblés à plats-joints, collés et emboîtés par les bouts à rainure et languette, également collés, avec les courbes d'emboîture ; on se sert d'un calibre pour leur donner la courbe voulue ; ces cylindres sont ensuite revêtus d'un placage d'une seule feuille.

Le cylindre doit être disposé de manière qu'il ne soit point pesant à lever. Ainsi qu'on le voit dans la figure 2, il passe derrière le casier CC, auquel on fait un double fond F, suivant la courbe du cylindre ; on place sur le devant deux poignées J, à l'aide desquelles on le fait mouvoir. Dans l'espace compris entre le cylindre et le fond du bureau, on place divers tiroirs K, s'ouvrant sur les côtés ; nous n'en avons mis qu'un dans la figure parce qu'on a l'habitude d'en agir ainsi ; mais rien n'empêche d'en mettre davantage si l'on trouve de l'espace libre.

8*

On met à ces bureaux des tablettes qui s'ouvrent par le côté, ainsi que dans les bureaux ordinaires, on y pratique aussi des cachettes LL, auxquelles on ne peut parvenir que lorsque la table est tirée. Nous pensons d'ailleurs que notre dessin suffira pour la parfaite intelligence de ce meuble, qui ne présente de difficulté que relativement au cylindre. Nous n'avons donné ni les hauteurs ni les largeurs, parce que nous pensons qu'elles doivent être laissées à la commande et au goût de l'ouvrier.

Si nous voulions rendre parfaitement complet ce paragraphe consacré aux tables de toutes sortes, il faudrait parler de ces élégantes consoles soutenues par des colonnes et qu'on place entre deux croisées au-dessous d'une glace; de ces tables consacrées au travail de l'aiguille, et de tant d'autres jolis meubles dont les formes et les noms ont tellement varié que leur simple nomenclature nous entraînerait fort loin; nous les passerons sous silence, persuadés que nous sommes, que l'ouvrier qui aura exécuté les tables difficiles dont nous venons de parler, saura bientôt les faire sur l'inspection seule du dessin ou d'un modèle ; nous nous en rapportons d'ailleurs à son goût et à son imagination, et nous devons cette justice aux ouvriers, que les dessinateurs copient les meubles qu'ils inventent. et que rarement les dessins leur fournissent l'idée première. Nous avons conservé, de la première édition de cet ouvrage, plusieurs modèles gracieux de tables de travail, de chiffonnières, etc., nous en avons ajouté quelques autres qui méritaient d'être mentionnés, mais les modèles que nous offrons *pl.* 61 et 62 ne sont déjà plus, pour la plupart, de mode. Nous n'avons pas pensé qu'il convint de les changer, attendu que la mode d'aujourd'hui aura changé dans un mois ou deux ; l'explication des figures qui remplissent ces deux planches ne portera que sur les points dignes d'appeler l'attention.

La *fig.* 1re, *pl.* 61, est une *console* à double colonne sur socle, assez ordinairement recouverte d'un marbre blanc ou gris bleu ; elle est ornée de bronzes et de dorures. On voit en A le plan de la base des pilastres ; en B la coupe.

La *fig.* 2 est une *table ronde*, supportée par une seule colonne, recouverte d'un placage ; qui est surmontée par un dessus en bois sur lequel est posée une table circulaire en marbre, tenant par son propre poids. Cette table est quelquefois creusée de manière qu'un rebord saillant règne tout autour ; le pied se fait à trois portées, ainsi qu'on peut le voir dans le détail. Ces tables étant lourdes, on les fait quelquefois poser sur des roulettes. On les met ordinairement dans des salons et on les couvre de cristaux ou de porcelaines.

La *fig.* 3 représente une *tricoteuse*.

Fig. 4. Ce meuble est appelé *lavabo*, parce qu'il supporte une cuvette circulaire servant à laver la tête et les mains ; cette cuvette est indiquée par les lignes ponctuées *a a*. La ceinture qui la supporte est elle-même supportée par trois ou quatre colonnes, vers la partie supérieure desquelles est fixée une tablette circulaire, percée de plusieurs trous destinés à recevoir les bouteilles d'eau-de-Cologne, ou d'eau-de-vie de lavande, le verre à laver la bouche et autres objets de toilette ; on pose un pot à l'eau entre les colonnes, dans un trou pratiqué à cet effet.

Le socle, dont le plan se trouve au-dessous de l'élévation, doit être fait en partie massif et très-pesant, afin qu'il ne puisse être facilement renversé par le poids de la cuvette. Les colonnes se joignent au socle et à la ceinture supérieure au moyen de tourillons réservés par le haut et le bas ; ou au moyen de goujons rapportés.

La *fig.* 5 est une chiffonnière connue sous les différens noms de *vide-poche*, *corbeille de la mariée*, etc. , suivant les formes qu'on lui donne, on les fait carrées, octogones, ovales, en bateau, suivant le goût du jour ; on leur met quelquefois seulement deux montans supportés par des patins, d'autres fois on en met quatre, faits en colonnes comme dans l'exemple ; la *figure.* 5 représentant ce meuble en élévation et en coupe, il est inutile de parler davantage de sa fabrication, qui ne présente d'ailleurs aucune difficulté.

La *fig.* 1ʳᵉ de la planche 62, est une

chiffonnière ornée de bronze et de tiroirs ; elle n'est plus guère de mode.

La *fig*. 2, une glace de toilette, mouvant sur les pivots *a a*.

La *fig*. 6, une table de toilette porta-
tive. La glace circulaire pivote également
ment en *a a* ; mais elle a de plus un
mouvement d'ascension qui permet de
s'y voir assis ou debout ; elle est très-
commode. La tige qui supporte la glace
est à crémaillère sur l'un de ses côtés,
et un ressort placé à l'intérieur du pied,
s'engage dans les dents et maintient la
glace à l'élévation convenable. Un bouton qui appuie sur ce ressort, le fait fléchir et en rend l'effet nul, sert à faire
descendre le miroir au niveau de la table, lorsqu'on veut s'en servir assis.

Les *fig*. 7 et 8 ont été expliquées ci-
dessus, à la page 125.

La *fig*. 9 représente une table de nuit,
carrée, avec une colonne à chaque coin ;
elle est assez ordinairement surmontée
d'un dessus de marbre. Je regrette le pe-

it rebord qu'on faisait autrefois régner au pourtour, et que la mode a impitoyablement sacrifié. Ce rebord s'opposait à ce que mon chandelier, mes mouchettes, mon livre, mon briquet phosphorique et les autres objets dont je couvre le dessus de ma table de nuit, pussent tomber au moindre mouvement, à la moindre agitation de ma couverture ou de mes rideaux. J'espère toujours que le goût du public reviendra sur ce point, et qu'il forcera les ouvriers à s'y conformer; l'utile ne devant jamais être sacrifié à l'agréable. Le dessin de cette table de nuit, *fig.* 9, aurait pu suffire, si l'ouverture A et la manière dont elle se ferme ne sollicitaient pas une explication.

1°. La porte qui ferme cette partie supérieure ne s'ouvre pas à charnière comme celle de la partie inférieure B; elle glisse dans deux coulisses, une par le haut, une par le bas, pratiquées sur le devant et sur le côté gauche de la table et comme il faut que la porte A pour s'ouvrir de la sorte, puisse se plier sur le coin afin de retourner d'équerre, on la compose de plusieurs planchettes juxtaposées et collées sur une forte toile ou sur

une peau souple, et afin que les joints
ne puissent s'apercevoir, on fait une
petite baguette sur les rives. En poussant à gauche le bouton placé sur la première planchette à droite, la porte
semble rentrer en elle-même dans l'é-
paisseur du montant. J'ai vu des enfans
et des gens simples s'étonner de ce mouvement et regarder sur le côté gauche
pour voir où passait la planche qu'ils
croyaient droite et solide.

On fait encore, mais plus rarement,
ces fermetures d'une autre manière.
Les portes sont alors composées chacune
d'un panneau solide qui glisse dans des
coulisses de haut en bas et de bas en
haut, en passant l'une devant l'autre.
Quand on veut ouvrir la partie du haut,
on baisse le panneau; on l'élève au contraire quand on veut ouvrir celle du bas.
Du jeu donné dans la coulisse, et un
arrêt du genre de ceux des stores de voi-
tures, mais plus soigneusement exécuté,
sert à fixer l'ouverture de la partie inférieure, et la fermeture de la partie supérieure.

La *fig.* 10 représente en plan et en
élévation, les tables de nuit, telles

que la mode la plus récente veut qu’elles soient faites ; c’est tout simplement un cippe recouvert d’un beau placage et surmonté d’un marbre collé.

On fait aussi des toilettes à pieds en X, fort jolies, ainsi qu’une infinité d’autres petits meubles très-élégans ; mais dont nous ne pourrions donner les figures variées sans augmenter le nombre de nos planches déjà considérable ; nous devons dire que le goût actuel tend aux formes arrondies, on abat presque partout les vives arêtes, ce qui produit un assez bon effet dans les meubles vernis, mais ajoute à la difficulté de l’exécution.

§ V. *Du Billard.*

L’importance de cette grande table de jeu nous contraint d’en faire un paragraphe à part. Certains artisans à Paris se livrent exclusivement à la fabrication des billards, et l’exposition des produits de l’industrie de 1827, a prouvé jusqu’à quel degré de perfection cette fabrication pouvait parvenir. Tout le monde s’arrêtait avec plaisir devant un beau billard qui renfermait un orgue qui rendait des sons harmonieux, et faisait entendre un air différent à chaque bille qui tombait dans les blouses, sans qu'il y eût jamais confusion. Ce n'est point ce chef-d'œuvre de mécanique dont nous proposerons l'imitation à nos lecteurs; la plus grande part du travail n'étant point celle du menuisier; et bien loin d'aller chercher nos modèles dans les billards compliqués, nous avons au contraire dessiné le plus simple que nous avons pu trouver. Le principe, une fois connu, l'ouvrier intelligent pourra multiplier et compliquer suivant son envie les agrémens qu'il voudra ajouter aux conditions de rigueur exigées pour le plus simple comme pour le plus élégant billard.

Ces conditions sont : une grande solidité, la parfaite horizontalité de la table, l'immobilité, enfin la commodité, qui peut s'entendre de la facilité des approches, de la hauteur moyenne de la table au-dessus du plancher, de la hauteur des bandes, de l'arrondi qu'on donne aux parties saillantes, et d'autres petits soins dans la fabrication, qui font dire aux joueurs, ce billard est *bon*, est *agréable*, et font préférer celui-ci à celui-là, sans qu'il soit quelquefois possible de déduire bien positivement les motifs de la préférence.

La solidité, cette première condition, s'obtient maintenant par une manière de faire différente de celle autrefois mise en usage. On avait d'abord pensé qu'un grand nombre de pieds, unis entre eux par des traverses et des entretoises multipliées, assemblées à double tenons, devaient rendre le billard plus solide. Dans les châteaux éloignés, et dans de petites villes, on en voit encore qui sont supportés par trois rangées de pieds, composées chacune de six pieds massifs, unis par le haut et par le bas par des traverses. On parvenait assurément au but par ce moyen ; mais quelle dépense de tems, de travail et de matière! et puis, d'ailleurs, toute cette charpente offrait-elle une garantie bien certaine d'immutabilité? Parmi tant de bois employé, ne s'en trouvait-il pas de moins sec? Toute la matière mise en œuvre était-elle bien homogène, et ne multipliait-on pas les chances du contournement des bois en multipliant les morceaux? La mode, ce mot seul pourrait suffire, a proscrit cet échafaudage, et cette fois la capricieuse déesse paraît s'être décidée par des motifs basés sur l'expérience et la raison. L'observation faite de la plus grande force des bois lorsqu'ils sont présentés sur champ, a fini par faire naître l'idée d'obtenir une plus grande solidité avec moins de matière employée, et toute la fabrication actuelle repose sur ce principe de présenter les bois sur champ, en s'attachant, dans tous les cas de la fabrication, à donner beaucoup à la profondeur, et autant peu que possible à la superficie ; une expérience déjà assez prolongée pour inspirer toute confiance, a prouvé l'exactitude du calcul.

La plus parfaite horizontalité s'obtient par les moyens que nous indiquerons plus bas ; l'immobilité, en scellant dans le plancher les pieds du billard, lorsqu'il est placé dans une salle au rez-de-chaussée ; mais ce moyen est maintenant peu mis en usage, et l'immobilité résulte toujours assez de la pesanteur d'une aussi grande masse de bois ; enfin, la commodité s'obtiendra si l'on se pénètre bien des préceptes que nous allons donner en parlant de la fabrication en général : nous devons cependant, à cette occasion, faire observer au menuisier qui sera appelé à construire un billard, qu'il faut faire attention aux localités ; qu'il doit toujours régner autour du billard un espace assez grand pour que les joueurs y puissent circuler à l'aise, et prendre toutes les postures que le jeu exige ; qu'il faut surtout veiller à ce que des croisées ou des glaces ne se trouvent pas placées de manière que la queue, dans le mouvement que le joueur fait lorsqu'il va lancer le coup, puisse les atteindre : toutes ces choses ne sont pas sans doute absolument du ressort du menuisier ; mais il doit cependant les connaître et en faire l'observation lorsqu'il est appelé pour donner son avis sur la situation du billard qu'il va construire.

Le meilleur bois à employer pour la fabrication du billard est le chêne ; il doit être choisi bien de fil et sans nœuds ; mais surtout parfaitement sec et ayant fait tout son effet. Cette dernière clause est de rigueur et d'une rigueur absolue ; aussi n'est-il pas de précautions que les bons ouvriers ne prennent à cet égard. Les uns débitent leurs morceaux, les mettent de longueur et d'épaisseur à peu près, puis les laissent pendant l'été exposés au hâle et à la chaleur, avant de

terminer les pièces et de faire leurs assemblages ; les autres n'employent que
des bois qu'ils ont laissés à cet effet très-
long-tems exposés en pile dans le chan-
tier, et qui sont réservés pour cet usage
mais toutes ces précautions ne sont
pas des garans aussi certains du succès ,
que l'emploi fait par certains ouvriers
de vieux bois qui a servi à la bâtisse. A
cet effet ils achètent des poutres prove-
nant de démolitions, les font écroûter à la
hache , afin d'en enlever le pourri et de
mettre à découvert le cœur qui se con-
conserve long-tems sain : ils font refendre ces cœurs de poutre, qui fournissent
le bois le plus propre à la fabrication
des billards.

Les dimensions des billards , en superficie, sont variables et dépendent
principalement de la commande. La
hauteur, toujours à peu près la même ,
est de 812 millimètres (30 pouces), prise
au-dessous des bandes; la longueur est
plus sujette à varier ; mais , en prenant
le terme moyen de 3 mètres 898 millimètres (12 pieds), nous aurons leur longueur ordinaire, prise entre les bandes.
Leur largeur est toujours de moitié de

la longueur. La table doit avoir environ 3 pouces d'épaisseur : nous dirons dans l'instant comment elle doit être confectionnée.

Le billard peut être, dans sa description, divisé en trois parties principales ; les pieds et le châssis, la table, et enfin les bandes : nous nous occuperons successivement des unes et des autres.

On ne met plus maintenant que six pieds aux billards, trois de chaque côté, ainsi qu'on peut le voir dans la figure principale de la *planche* 63. Ces pieds se font ordinairement en forme de colonnes dont la grosseur peut être arbitrairement fixée ; mais qui ne peuvent avoir moins de 4 à 5 pouces de diamètre. A partir du chapiteau, la colonne se termine par une partie carrée de 9 pouces environ de longueur. On fait, pour garantir le bas de ces pieds des chocs auxquels ils sont exposés, des socles en bois tourné, qui entrent librement dans la colonne et tournent facilement dessus. Ces socles A A, *fig.* principale, et A, *fig.* 1re des détails, s'opposent à ce que les coups de pied des joueurs ébranlent les colonnes; ils garantissent également la tête des vis de rap pel placées quelquefois sous les pieds, et dont il va être parlé.

Ces pieds sont unis entre eux par des traverses de ceinture, vues de profil en B B, *fig.* principale, et en plan *b b b b*, *fig.* de détail 2, 3, 5. Ces traverses ont environ 8 ou 9 pouces de hauteur, sur 15 à 18 lignes; elles ont 12 pieds de longueur et de plus 15 ou 18 lignes, par chaque bout, pour l'onglet *x*, *figure* 2; elles peuvent s'assembler entre elles, dans cet onglet *x*, par des queues recouvertes non colées : car il faut faire une scrupuleuse attention à ce que toutes les pièces de ce billard puissent se monter et se démonter à volonté, et à ce que l'action des vis soit le seul moyen d'assemblage. Les traverses des bouts n'ont que 6 pieds et la longueur nécessaire pour l'onglet, ainsi qu'il vient d'être dit.

Les traverses de ceinture B B se posent sur les chapiteaux des colonnes A A, s'appuient contre la partie carrée des pieds, ainsi qu'on peut le voir en *a* et en *b b*, *fig.* 2 et 3, et se fixent avec des vis qui s'engagent dans les parties pleines des deux pieds A, et dans la traverse du milieu, vue en *c*, *fig.* 3, assemblée par enfourchement avec la partie carrée du pied du milieu. On les consolide d'ailleurs quelquefois par des coins *d d*, *fig.* 2 et 3, fixés après la partie carrée des pieds. Le milieu du grand châssis qu'elles forment est rempli par des traverses d'inégale épaisseur entre elles, et qui se pénètrent; elles sont indiquées sur la figure principale par des lignes ponctuées *c*. Le moins qu'on puisse mettre de ces traverses, c'est 3 longitudinales également espacées, et 3 transversales espacées chacune de 3 pieds. Ces traverses sont posées sur champ, et peuvent avoir un pouce d'épaisseur sur une hauteur de 6 ou 7 pouces pour les transversales, et de 3 ou 4 pouces pour les longitudinales qui les pénètrent. La traverse transversale du milieu *c*, *fig.* 3, a seule une plus grande épaisseur : on lui donne 2 pouces ou 30 lignes. Ainsi se font les pieds et le châssis, qui forment la première partie de notre description. Le dessus des traverses *b b b*, des pieds *a*, des coins *d d*, des traverses *c*, doit être mis parfaitement de niveau et affleurer de toutes parts, en conservant une exacte horizontalité.

La table est la seconde partie dont nous devons nous occuper. Elle exige,

dans sa fabrication, des soins particuliers. Elle se compose ordinairement de
deux grandes feuilles de parquet, ayant
chacune 6 pieds carrés, et, comme nous
l'avons dit, 3 pouces d'épaisseur. La *figure* 4 représente une de ces feuilles
dans sa largeur, le côté *a* étant l'un des
bouts du billard.

Ces feuilles de parquet sont elles-
mêmes composées d'un grand nombre de
traverses posées sur champ, ayant 3
pouces de hauteur et un pouce ou 15 lignes de largeur, et d'une longueur différente, suivant leur position. Ces traverses, assemblées entre elles à tenons
et mortaises chevillés, forment des encadremens dans lesquels on met des
petits panneaux carrés, composés eux-
mêmes d'un grand nombre de morceaux
placés suivant tous les sens, et ayant,
autant que possible, le fil contrarié. Ces
divers morceaux sont collés ensemble,
puis coupés en carrés Leur ajustemen
dans les cadres se fait, soit à rainure et
languette, soit à feuillures. On se contente quelquefois de donner à ces petits
panneaux 1 pouce ou 15 lignes d'épaisseur ; mais plus souvent on leur donne
3 pouces, comme aux traverses d'enca-

drement. Qu'on agisse d'une ou d'autre manière, le dessus et le dessous de cette table doiventêtre mis parfaitement d'épaisseur, et être tenus exactement droits. On se sert, pour les dresser, de longues varlopes, tirant peu de fer et bien affûtées. La *fig.* 4 donnera une idée suffisante de la manière dont les traverses et les panneaux doivent être construits. Plus le nombre des morceaux dont la table est composée est grand, meilleure elle est, et plus nombreuses sont les chances qu'elle ne se déjettera, ni gauchira : effet vers l'obtention duquel doivent tendre tous les efforts de l'ouvrier.

Les deux feuilles composant la table sont assemblées entre elles par une forte languette, entrant à pression exacte dans une rainure de calibre, et leur assemblage doit se trouver au milieu du champ de la traverse *c*, *fig*. 3. Il arrive quelquefois que, voulant donner plus de force aux angles de sa table, à l'endroit où sont pratiquées les échancrures circulaires des blouses, l'ouvrier, au lieu de terminer ces angles par l'assemblage des traverses, les termine par une pièce solide, d'épaisseur, et assemblée avec les traverses d'encadrement : les lignes ponctuées *b b* indiquent la position de ces angles rapportés, qui deviennent inutiles, si, comme on a coutume de le faire, on tient les traverses de pourtour de 5 ou 6 pouces de largeur sur les 3 pouces d'épaisseur qui forment celle de toute la table. Cette table se fixe sur le châssis à l'aide de vis fraisées.

Il convient, je pense, pour n'avoir plus à revenir sur ce sujet, de dire comment se pose le tapis dont cette table est recouverte. Cette opération ne présente pas de grandes difficultés ; mais encore faut-il savoir comment s'y prendre : il y a, d'ailleurs, une manière de le faire beaucoup plus avantageuse que l'autre, et moins répandue, qu'il convient de faire connaître.

L'ancienne méthode était très-simple, mais n'était pas sans inconvénient : elle consistait à étendre le tapis bien droit sur la table, et à le clouer par deux côtés, un grand et un petit, sur le champ de cette table, en se servant, pour cette opération, de broquettes à tête plate, et en mettant un bord de fil ou de soie sur le drap, afin de le garantir contre la tête de ces clous qui pouvait le couper.

Ces deux côtés cloués, deux ou plusieurs ouvriers, placés les uns sur le grand côté, les autres sur le petit, opposés à ceux déjà cloués, et tirant le drap simultanément avec les mains ou à l'aide de tenailles à sangler, le tendaient fortement, et mettaient des clous au fur et à mesure qu'ils avançaient vers l'angle. Quand le drap n'était pas assez long, on y cousait sur les bords une forte toile qui donnait de la prise. Cette manière a été depuis presque généralement abandonnée, ou du moins on y a ajouté une opération qui remédie à ce qu'elle pouvait avoir de défectueux. La *fig.* 5, partie A, qui représente la coupe de la table, donnera une idée de la manière de tendre le drap par ce procédé. On voit en *d d* la tranche du drap, et en *c* la situation des broquettes qui le retiennent.

Le drap tendu suivant cette méthode, l'était inégalement, puisque le plus ou le moins de tension dépendait du plus ou moins de force que mettait l'ouvrier dans sa traction; aussi se trouvait-il fréquemment des poches; et alors il fallait déclouer pour tendre de nouveau, opération qui ne produisait jamais rien de bon. Le drap se déchirait souvent sous

le clou, et s'il fallait retoucher à la table,
il fallait encore déclouer ce drap pour
atteindre les vis qui la fixent au châssis,
et reclouer ensuite : s'il se faisait un
accroc, pareil désagrément avait lieu.
On a donc cherché à obtenir une tension plus forte, plus égale et surtout plus
facile.

Pour parvenir à ces résultats, on pratique sur le dessus de la table, tout autour, sur les traverses d'encadrement, et
à 6 lignes environ de leurs rives, une
feuillure profonde d'un pouce et large
de 6 à 7 lignes, vue en *a* dans la coupe
de la table, *fig*. 6. On ajuste, pour cette
rainure, une tringle carrée d'une longueur et d'une largeur telles qu'elle la
remplisse en laissant, de chaque côté et
au fond, assez de jeu pour que le
drap puisse s'y loger. On pose le drap
comme à l'ordinaire et d'après le procédé indiqué, *fig*. 5 ; puis, lorsqu'il est
cloué tout autour sur les champs, on
pose la tringle sur le drap, à l'encontre
de la rainure dans laquelle on fait entrer
l'un et l'autre à coups de marteau, portant sur un repoussoir en bois de fil. On
conçoit qu'il faut avoir soin, pour éviter
que le drap ne se coupe, d'arrondir les

arêtes supérieures de la rainure, et celles inférieures de la tringle. On doit, en outre, favoriser la traction en enduisant de savon sec et pulvérisé les parois de la rainure et la tringle elle-même.

Si la rainure a 6 lignes de profondeur, le drap, dans la règle, devra être tendu de 2 pouces de plus, tant sur la largeur que sur la longueur; si elle a un pouce de profondeur, le drap aura prêté de 4 pouces.

Mais, en suivant cette méthode, qui offre déjà, sans doute, un grand perfectionnement relativement à la plus grande tension qu'elle procure, il reste toujours le désagrément de clouer le drap sur les champs de la table. Il est vrai que, dans ce cas, il n'est pas nécessaire de mettre les clous aussi pressés, et qu'il arrive même assez souvent que les ouvriers, après avoir posé les tringles, coupent le drap derrière; ce que je n'approuve nullement; puisqu'en agissant ainsi, ils préparent des embarras à ceux qui auraient à déposer et reposer ce tapis par la suite; mais enfin, il faut toujours mettre des clous qui donnent une tension partielle et irrégulière, qui détériorent le drap et sont un obstacle à la facilité de le déposer lorsqu'il s'agit de l'enlever pour

un besoin quelconque. On a donc cherché à se dispenser tout-à-fait de l'emploi
des clous, et c'est avec empressement
que nous communiquons à nos lecteurs
le moyen plus sûr et plus économique
qu'on emploie pour parvenir à ce but.

On pratique en *b*, sur le champ de la
table, à l'endroit marqué par des points,
une feuillure semblable à celle *a*, dont
nous venons de parler ; mais profonde
seulement de 6 lignes : on en arrondit de
même les rives ; on fait une tringle de
calibre, en chêne de fil ou en noyer.
Lorsque les deux premières tringles
sont posées et qu'il s'agit de tendre en
posant les tringles sur les côtés opposés,
l'ouvrier, tenant d'une main le drap sur
lequel il tire, et de l'autre le marteau,
fait entrer la tringle jusqu'à ce qu'elle
affleure le champ. Si le drap n'est pas
assez long pour donner de la prise, on y
coud, ainsi que nous l'avons dit plus
haut, une bande de toile. Cette opération
n'est pas si difficile à l'exécution qu'elle le
semble dans la description, parce que la
tringle étant flexible, ne prend pas de
suite sur toute la longueur du billard ;
mais seulement, à l'endroit de la per-
cussion du marteau, ce qui donne à

l'ouvrier le moyen de tirer et d'étendre de la main gauche tandis qu'il frappe de la droite. Il peut d'ailleurs, de tems en tems, passer sa main droite sur la table pour faciliter la tension en ramenant sur soi l'étoffe par une pression modérée, et en facilitant et secondant de la sorte l'action de la main gauche qui opère la traction. Puis saisissant de nouveau le marteau, il fait entrer la tringle dans la rainure, et ainsi de suite alternativement jusqu'à ce qu'il soit arrivé au bout.

Le drap posé de cette manière, l'est bien plus régulièrement que lorsqu'il est tiraillé par des clous ; mais la tension n'en est pas plus forte, c'est alors qu'on pose la seconde tringle dans la rainure *a* pratiquée sur le dessus de la table ainsi que nous venons de le dire et qui, si elle est profonde d'un pouce et large de 6 lignes, occasione tout autour un pli de 3o lignes ; ce qui fait une plus-tendue de 5 pouces sur la longueur et autant sur la largeur.

Mais on conçoit que pour obtenir des résultats aussi avantageux, il faut prendre bien des précautions pour ne point couper le drap ; elles consistent, ainsi

que nous l'avons dit, dans l'adoucisse-
ment des arêtes de la rainure dans l'arrondi de la partie inférieure de la tringle, dans l'attention de ne pas la faire
trop juste, mais bien en lui donnant de
l'entrée afin qu'elle ne presse pas trop
d'abord ; ensuite en ne frappant pas de
grands coups de marteau, qui non-seulement pourraient faire crever le drap,
mais encore faire éclater la joue extérieure de la rainure. Ce moyen de tension est souverain, mais il doit être mis
en usage par un ouvrier prudent, adroit
et intelligent. En l'employant on pose
et on dépose le tapis avec la plus grande
facilité et sans le détériorer sur ses li-
sières.

La bandelette remplissant la rainure
a fig. 6, non plus que celle *b* ne peuvent
être vues lorsque les bandes sont posées,
parce que l'une et l'autre sont recouvertes par ces bandes.

La troisième partie de la fabrication
comprend les bandes ; nous aurons encore en la traitant, à indiquer de nombreux changemens et de grandes amélio-
rations.

Les bandes sont les rebords garnis
d'étoffe qni s'élèvent au-dessus de la

table et contre lesquels les billes viennent frapper; on conçoit qu'elles doivent être solidement fixées afin de résister aux chocs violens et répétés qu'elles
sont obligées de soutenir. Si nous réflé-
chissons sur les fins de leur destination,
nous ferons ensorte qu'elles possèdent à
un haut degré les deux qualités essen-
tielles qui assureront aux billes un re-
bond vif, fort et régulier. Pour cet effet,
elles seront d'abord lourdes, parce que
de leur rapport de pesanteur avec la bille
qui les frappe, résultera par suite de
règles mathématiques qu'il est inutile
d'exposer ici, et leur immobilité d'une
part, et le recul du corps qui les cho-
quera. Nous les ferons très-droites afin
que l'angle de réflexion soit égal à l'angle
d'incidence, ou en d'autres termes, de
manière que si la bille décrit, pour
venir toucher la bande, une ligne inclinée à cette bande de 35 degrés; elle en
trace une autre, après le choc, et en
s'éloignant, qui soit également inclinée
de 35 degrés. Nous les garnirons à l'intérieur de matières élastiques, afin
d'augmenter l'élasticité du bois qui en
offre peu. Pour obtenir ces différens résultats nous supprimerons d'abord ces

moulures, ces grandes gorges qu'on pratiquait jadis derrière les bandes, dont le moindre inconvénient était d'être des niches à poussière, de présenter des parties anguleuses et qui ôtaient beaucoup à leur pesanteur et à leur solidité. Nous les ferons en bon bois de chêne bien de fil. Leur longueur sera de 12 pieds pour les bandes latérales, plus, 6, 7 ou 8 pouces pour les onglets des coins ; les bandes des bouts auront 6 pieds en dedans des onglets. La *fig*. 5 § B représente la coupe de ces bandes ; la *fig*. 7 les représente vues en dessus dans les coins. En considérant attentivement la partie ombrée de ce profil ou voit en *e* une large feuillure ou plate-bande, on la pratique lorsque la tête des vis est saillante ; on s'en dispense et on fait ce talon tout droit, lorsque, comme dans l'exemple, la tête des vis est encastrée dans l'épaisseur de la bande. Les lignes ponctuées *f* indiquent la position de ces vis, dont nous avons d'ailleurs dessiné la tête sur une plus grande échelle, *fig*. 8. La partie du dedans des bandes, marquée *k* sur la figure, est inclinée en dedans de 2 lignes environ sur la hauteur. Sans cette inclinaison les billes seraient sujettes à sauter par dessus les bandes, encore bien que le point culminant de l'arrondi de la garniture se trouvât plus haut que le point central de la bille ; condition qui paraît, en théorie, devoir suffire, mais que l'expérience a fait reconnaître insuffisante.

Les vis qui fixent les bandes doivent êtres fortes, à têtes tournées. Pour les poser avec encastrement, on commence par faire l'encastrement avec une mèche à trois pointes de calibre avec cette tête : lorsqu'on a percé assez pour que l'épaisseur de la tête soit noyée, on change de mèche, on en prend une de calibre avec le collet de la vis, et on perce la bande de part en part. Si ces vis doivent faire boulons et s'engager dans des écrous en fer, on continue à percer sur le champ de la table et on encastre l'écrou au droit de ce trou : si l'on doit simplement visser à même le bois, on prend une troisième mèche plus menue que les autres et devant produire un trou égal au corps de la vis, pris au fond des écuelles, entre les filets. Les têtes de ces vis sont quelquefois fendues à l'ordinaire ; d'autres fois, sont percées de deux trous dans lesquels on fait entrer une clé à goujons, d'autres fois enfin, et le plus communément, d'une mortaise longitudinale comme dans la *fig*. 8, dans laquelle on fait entrer le tourne-vis, *fig*. 9, qui, lui-même, se place dans un vilbrequin,

L'ensemble de la *fig*. 5 fait voir comment se posent les bandes sur la table; en serrant la vis *f*, la bande vient joindre contre le champ et s'appuie par le bas sur une partie de la traverse de ceinture *b*, et par le haut sur la table au moyen de l'angle saillant *i*.

Nous avons dit qu'on garnissait la partie intérieure des bandes de matières élastiques; il convient de dire comment on les pose. Nous garderons le silence sur la garniture en crin qui paraît avoir été jadis mise en usage; on rembourrait la bande et on clouait la toile de garniture au fur et à mesure. Cette méthode a dû être écartée, parce qu'il était difficile de rembourrer également et de manière que le degré de résistance fut partout le même; ce qui était un vice radical : le bourrelet ainsi fait, devait d'ailleurs se déformer promptement. Nous ne parlerons donc que de la garniture en lisière qui est la plus généralement, je dirais presque la seule adoptée, si les bandes élastiques, d'invention plus récente, n'étaient venues apporter un perfectionnement qui les a fait déjà préférer dans beaucoup d'endroits.

Pour garnir les bandes en lisière, on la choisit douce soyeuse, bien peignée et surtout d'égale épaisseur, on en pose d'abord au milieu de l'espace k, une bande mince, on la tend bien sur la longueur, on en met ensuite par dessus une autre plus large, puis une troisième plus large encore, et ainsi de suite jusqu'à ce que la bande soit suffisamment garnie; on en coud même deux à côté l'une de l'autre pour former celle du dessus qui fait le cintre en enveloppant toutes les autres. Quelques ouvriers suivent une marche diamétralement opposée; ils commencent par mettre la plus large en dessous, puis une moins large et ainsi de suite juqu'à celle du dessus qui est la moins large. Qu'on emploie l'une ou l'autre manière, on doit faire ensorte que la garniture soit bien également arrondie dans toute sa longueur. On recouvre le tout d'une toile écrue canevas, et on pose par-dessus le drap qui doit terminer la garniture. On voit *fig*. 5, les diverses couches de lisière et par-dessus en *l*, la bande de drap qui enveloppe le tout.

Cette bande de drap est d'abord clouée avec des broquettes à tête plate en-dessous de la bande dans une feuillure d'une ligne et demie de profondeur environ, destinée à la recevoir. On la fait remonter sur le dessus, en la tendant le plus possible, dans une feuillure semblable à celle du dessous, et on l'y fixe également avec des broquettes à tête plate, puis on cloue par-dessus dans le coin de la feuillure, et avec des clous dorés, un galon en or ou en argent, représenté en *a a, fig.* 7.

Lorsque les bandes sont garnies on les met en place et on les fixe avec les vis; mais comme, malgré tout l'onglet pourrait fatiguer, on le consolide par un tenon et une mortaise, indiqués par *b*, même *fig.* 7. Telle est l'ancienne méthode de garniture des bandes et celle que l'on voit encore le plus généralement employée.

Il en est cependant une autre qui, à notre avis, doit lui être préférée, c'est celle des bandes élastiques. Les ouvriers en ont long-tems fait un mystère, et ce n'a été qu'avec beaucoup de peine et en agissant de ruse, que nous nous sommes mis au fait de cette fabrication. Remarquons en passant combien est sotte cette prétention de certains ouvriers de posséder *des secrets* ; puisque la plupart du tems, et surtout dans le cas qui nous occupe, il suffit de démonter et de découvrir ce qu'ils ont fait pour connaître toute la finesse et faire aussi bien qu'eux. Ce n'est pas par de tels moyens qu'un ouvrier doit ambitionner de parvenir à la supériorité, c'est par l'étude, l'application, la belle et la prompte exécution.

Les *fig*. 10, 11, 12 et 13 nous serviront à faire comprendre ce procédé très-simple ; mais en même tems, à notre avis, très-ingénieux. On fait la bande ordinaire de 14 lignes environ moins saillante sur la table, ainsi que le représente la *fig*. 10, on la coupe perpendiculaire par-devant. On fait ensuite en bon bois, comme frène, accacia ou même en alisier, des gouttières ayant pour hauteur celle de la bande contre laquelle elles doivent être appliquées, moins 2 lignes environ pour l'épaisseur double de la ficelle dont il va être parlé. Ces gouttières vues en coupe, *fig*. 11, doivent avoir environ 11 lignes d'épaisseur, dont 6 seront en gorge et les 5 autres en plein bois.

Ces gouttières exigent une grande précision dans l'exécution. Le creux ne doit point en être trop évidé afin que les cornes conservent de la force, de même que les 5 lignes restant de bois plein sont absolument nécessaires pour renforcer cette partie qui fatigue beaucoup. Celle des cornes qui est destinée à être l'inférieure, doit être d'une ou 2 lignes moins longue que la supérieure, afin de donner à la bande la rentrée nécessaire pour que les billes ne sautent point par-dessus. La *fig.* 13, ou la coupe de cette gouttière, est dessinée plus en grand, rendra d'ailleurs cette explication plus facile à suivre.

Lorsque les gouttières sont ainsi faites avec attention, on en adoucit les angles et l'on perce de pied en pied, au fond de la gorge, des trous dans lesquels passeront les clous sans tête qui la fixeront après la bande.

Les choses ainsi préparées on se procure de la petite ficelle bien torse, bien filée d'une grosseur bien égale et surtout bien sèche, cette dernière clause étant tellement de rigueur que l'ouvrier devra autant que possible opérer au soleil, ou avoir du feu dans la chambre où il travaillera. On attache cette ficelle contre un mur, ou bien on la prend dans un étau solidement assujéti ; puis tenant la gouttière en travers dans les deux mains et se penchant en arrière, on enroule la ficelle dessus en la tendant le plus possible. On a soin, en tournant la gouttière, que la ficelle se place bien à chaque circonvolution exactement à côté du tour précédent, ne remonte jamais par-dessus, ni ne s'en écarte en aucune manière, et il faut mieux alors dérouler quelques tours et se reprendre. Lorsqu'on a fait une longueur de chambre on ouvre l'étau, on lâche de la ficelle, en ayant soin de tenir toujours bien serrée celle déjà placée sur la gouttière. Cette gouttière étant ainsi recouverte d'un bout jusqu'à l'autre, on arrête par un demi-nœud.

Assez ordinairement on ne garnit en ficelle que les deux grandes bandes latérales ; pour les bandes des deux bouts, qui ont besoin d'avoir une plus grande force répulsive, on emploie de la petite corde à boyau, de la grosseur des chanterelles, quelquefois un peu plus grosse, on la fait faire exprès. S'il doit y avoir des nœuds, on doit les faire extrèmement solides et éviter autant que possible qu'ils soient saillans et qu'ils se rencontrent du côté de la gorge.

Les gouttières étant ainsi revêtues, on les fait tenir devant les bandes à l'aide des clous sans tête qu'on introduit entre les tours, et qu'on enfonce avec un chasse-pointe; ces clous d'ailleurs fatiguent peu; le drap qui recouvre le tout maintenant très-bien l'ensemble. Lorsqu'elles sont en place on met par-devant, sur la corde tendue, une semelle de feutre de 3 à 4 lignes d'épaisseur, et que l'on commande exprès chez un chapelier. Ce feutre doit être de toute la largeur de la bande, il est assez souvent composé de bourre de poil de bœuf. On le recouvre d'une toile, et par-dessus cette toile on étend le drap qui doit recouvrir le tout, ainsi que le fait voir la *fig.* 12, représentant la bande élastique toute garnie. La *fig.* 13 lèvera les incertitudes que notre démonstration, peut-être peu claire, pourrait laisser : *a* est la coupe de la gouttière, *b* est la fi-celle, représentée plus grosse qu'elle ne doit l'être pour être rendue plus sensible ; *c* est le feutre ; *d* est le drap qui enveloppe le tout.

Le drap dans cette garniture ne se fixe pas avec des clous comme on a coutume de le faire pour la garniture en lisière, représentée en B, *fig.* 5. On emploie le moyen décrit plus haut dans la démonstration de la *fig.* 6 ; c'est par des rainures de 3 lignes de largeur sur 5 ou 6 de profondeur, que s'opère la tension. On commence par fixer le drap en dessous, *a fig.* 12, à l'aide d'une tringle ; on relève et on tend le drap, puis on le fixe par la tringle *b* qu'on enfonce à petits coups de marteau. On recouvre ensuite cette tringle *b* par un galon fixé avec des clous dorés comme à l'ordinaire, et cloués sur la tringle elle-même.

Lorsque les bandes sont ainsi garnies on les pose comme à l'ordinaire sur le champ de la table, à l'aide des vis ou des boulons dont nous avons parlé plus haut.

Quant aux blouses dans lesquelles se perdent les billes, on en met six, trois de chaque côté au-dessus des pieds, la *fig.* 14 en fait voir une ; dans les *fig.* 2, 3, 4 elles sont indiquées par des portions de

cercle ponctuées. Ces blouses s'entaillent
dans la table. Pour tendre le drap vis à
vis : on coud une toile qui facilite cette
opération, ensuite on revêt l'intérieur de
ce trou d'une lame de plomb, ce qui vaut
mieux qu'un filet qui finit par s'user.
Pour en finir de suite, relativement à ce
qui concerne ces blouses, nous dirons
qu'on les fait quelquefois à jour et con-
duisant à une coulisse pratiquée, soit à
l'intérieur, soit à l'extérieur du billard.
Des coulisses posées en pente le long des
grands côtés, et arrondies aux endroits
où elles tournent, ramènent la bille par
devant au joueur. Cette méthode a, selon moi, de grands avantages, et je m'é-
tonne de ne la pas voir plus souvent mise
en usage,

Si l'on met les coulisses en dehors, le
trou de la blouse se prolonge jusqu'à la
traverse B B, figure principale; elle vient
frapper contre une porte à bascule dont
les *fig*. 15 et 16 feront de suite concevoir la structure. Les portes entaillées
dans l'épaisseur de la traverse B B pivotent sur une goupille *a a* placée en travers, non pas au milieu de la porte, mais
au-dessus de ce milieu afin que la partie
inférieure de la porte soit plus lourde

que la supérieure. La pesanteur de la bille *b* la fait onvrir, et lorsqu'elle est passée cette porte retombe et se referme d'elle-même. Lorsqu'on fait la porte carrée, on met la goupille tout en haut; en sortant la bille tombe dans la coulisse *c* qui la conduit, par une pente suffisante, dans une cuvette ou coquille placée sur le devant du billard,

Dans l'ajustage des portes on coupe les champs en biseau contrariué, le biseau de la partie inférieure, jusqu'au pivot *a a* est en dedans; celui de la partie supérieure au-dessus de ce pivot *a a* est en dehors. Les chanfreins pratiqués dans la baie devront se rapporter à ceux de la porte; de cette manière on obtient une fermeture très-exacte; et l'œil n'est point choqué.

Si l'on préfère placer les coulisses en dedans, elles pénétreront les traverses transversales C C viendront par-devant aboutir à une porte du genre de celles dessinées *fig.* 15 et 16, pratiquée au milieu du devant et déposeront les billes dans une cuvette posée au bas de cette porte. J'ai vu un billard qui n'avait pas de coulisses, mais était orné d'une tête de lion en bronze située au bas de chaque blouse; la bille en tombant faisait ouvrir la gueule et restait prise en les dents d'où le joueur la retirait : c'était sans doute un agrément, mais je crois que si l'on s'écarte de la méthode ordinaire, il vaut mieux avoir recours aux coulisses qui offrent l'avantage de ramener la bille au joueur. On peut d'ailleurs mettre une tête de lion pour porte de devant lorsque les coulisses sont posées intérieurement.

Nous n'en dirons pas davantage sur ce sujet qui pourrait comporter beaucoup d'autres détails si nous entreprenions de dire tout ce qui a été inventé pour rendre un billard de prix agréable, ces choses ne tenant pas absolument à la fabrication proprement dite, nous pensons en avoir donné une idée suffisante et nous passons à l'explication des moyens à l'aide desquels on obtient la parfaite horizontalité du billard.

Lorsqu'on pose un billard, il faut avoir un niveau, le plus grand qu'on peut se procurer et le poser dans tous les sens et à mesure qu'on remarque de la pente de tel ou tel côté on cale le pied; cette opération n'est pas toujours facile et ne réussit pas souvent à la première tentative. C'est pour l'éviter qu'on a eu recours aux vis de rappel, dont la *fig.* 1re fera de suite concevoir le mécanisme.

On perce le pied en-dessous, on taraude ce trou et l'on fait entrer dans l'écrou une forte vis faite en pommier, alisier ou autre bois liant et dur; on arrondit la tète de cette vis; afin qu'elle soit moins dure à tourner, on lui fait un collet hexagone marqué *a* sur la *fig.* 1re et quelquefois même on perce un trou *b* au milieu de ce collet. Ce trou sert à passer une broche en fer à l'aide de laquelle on fait tourner la vis, lorsqu'on n'a pas de clé ou qu'on ne veut pas s'en servir. Cette clé est représentée à part, *fig.* 17, on se sert de l'écartement *a* lorsque le collet est hexagone : on se sert du bout *b*, lorsqu'il est simplement percé d'un trou.

Au moyen de ces vis on donne au billard une parfaite horizontalité sans qu'il soit besoin de le caler. Le socle A sert à garantir cette vis de toute atteinte qui pourrait, en la faisant tourner, déranger la parfaite horizontalité. Le socle doit être employé même lorsque le billard n'est pas garni de l'accessoire important des vis de rappel; ce socle en tournant et amortissant d'ailleurs par son poids la force des coups, garantit les cales, si on a été obligé d'en mettre, et les pieds eux-mêmes dans le cas où il n'aurait pas été besoin de les caler. Quand on veut caler, ou tourner les vis, on enlève les socles qui doivent glisser librement sur les pieds.

Considérations générales.

Assez ordinairement les pieds du billard ne sont pas plaqués ; quand le billard est plaqué en acajou on fait ce pieds en bois dur et pesant, tels que cormier des îles, ébénoxile, olivier et autres, mais très-secs; les grandes traverses de ceinture BB doivent être, ainsi que nous l'avons dit, en chêne bien de fil. On plaque dessus. Il en est de même des bandes qui peuvent être recouvertes de placage. On peut donner beaucoup de grâce à ce billard en cintrant les traverses de ceinture, suivant les lignes ponctées DD. On met ordinairement sur chacun des grands côtés du billard quatre crochets en bois EE, saillant en dehors, sur lesquels on pose les queues.

Nous terminerons ce que nous avion-

à dire du billard par un mot sur la confection des queues; on choisit pour les faire un bois qui soit parfaitement de fil et assez ordinairement on préfère l'acacia, le frêne et surtout l'amandier. Elles ont un gros bout qui est garni en ivoire, leur petit bout est arrondi. La *fig*. 18 représente une queue, la *fig*. 19 une autre espèce de queue qu'on nomme *masse* ou *houlette*. Les queues doivent être rondes et adoucies avec la peau de chien et le papier de verre. On nomme *queues à procédé* des queues garnies par le petit bout d'un buffle ou autre cuir élastique.

Nous avons représenté, *figures* 20 et 21, un instrument nommé *rogne-queue*, dont le nom assez significatif dispense d'explication. Le rogne-queue se fait ordinairement sur le tour, mais rien ne s'oppose à ce que le menuisier le fasse lui-même. Cet instrument est composé d'un barillet en buis A, d'une douille en cuivre B et d'un couteau en acier C, vu à part *fig*. 21; nous devons dire quelques mots sur sa fabrication et sur son emploi.

On fera bien plus facilement le barillet sur le tour; mais on parviendra également à le faire à la main ; voici comment il faut s'y prendre pour réussir : on prend un morceau de buis de six pouces environ de longueur, coupé carrément par les bouts, on détermine un centre et on trace sur chaque bout et avec la même ouverture de compas, un cercle profondément marqué ; ces cercles doivent avoir un diamètre de deux ou trois lignes moins grand que celui de l'intérieur de la douille B en fer ou en cuivre qui doit entrer dessus le barillet.

Les cercles tracés, on perce le morceau de part en part avec une mèche de 2 lignes en prenant par chaque bout alternativement. Si on a un tour à pointes en sa possession on tourne le barillet sur ce trou. Et lorsque le morceau est au rond on détermine le milieu du renflement qui doit être égal à l'ouverture de la douille, par une ligne légère faite avec la pointe du grain d'orge ou simplement avec un crayon, et on abat en ligne droite le bois compris entre le trait du milieu et les cercles tracés par les bouts. Si l'on n'a pas de tour en sa possession on fait la même opération avec le ciseau, la rape et la lime neuve, en prenant bien garde aux cercles tracés su

les bouts qui guident pour la conservation du rond, concurremment avec la
douille qu'on essaie à plusieurs reprises.
Lorsque la douille est ajustée et qu'elle
peut monter jusqu'au renflement du milieu, on prend le barillet dans un étau
et avec une scie à denture fine on fait la
coupure dans laquelle le couteau doit.
être logé ; cette coupure doit être faite
juste de calibre, ni trop large ni trop
profonde. On fait par le bas un renfonce-
ment servant à loger de talon ou arrêt *a*,
fig. 21. On rend alors conique le trou central au moyen d'une mèche évasée connue sous le nom de *louche*.

Le couteau *fig*. 21 doit être fait tout en
acier ; on doit recommander au coute-
lier ou au taillandier chargé de sa confection de faire revenir la trempe au
bleu clair par le bas et de tenir le bleu
foncé ou gorge de pigeon pour la partie
qui forme le taillant *b*.

Pour se servir de cet instrument on
passe la queue dont le bout est déformé
et qui a besoin d'être retaillé, dans le
trou, et tenant avec le pouce de la main
gauche la partie supérieure *d* du couteau *c*, on le tire en arrière et on fait
dépasser en-dessus du barillet la lon-

gueur de queue qu'on veut couper; on lâche alors le couteau, on serre la douille, et, tenant l'instrument de la main gauche on tourne dedans, avec la main droite, la queue qui finit par être coupée régulièrement.

Nous avons dû donner quelques développemens à ce chapitre qui avait été jusqu'à présent singulièrement négligé, quoique la construction des billards soit une des parties importantes de la menuiserie en meubles. Les amateurs, et les ouvriers, nous sauront gré sans doute des recherches que nous avons été obligés de faire dans les ateliers et auprès des fabricans, pour les mettre au courant des perfectionnemens, moyen plus pénible, mais plus assuré que de copier et recopier sans cesse et jusqu'à satiété des choses qui ont pu être bonnes dans le tems où elles ont été écrites, mais qui ne peuvent plus être d'aucune utilité aujourd'hui.

§ VI. *Meubles fermans.*

Nous nous sommes abstenus de comprendre, dans les paragraphes précédens, beaucoup de petits meubles, tels qu'écrans, toilettes d'homme, bonheur-du-jour et autres, parce qu'il faut se restreindre si l'on ne veut pas rendre un ouvrage trop volumineux; nous nous sommes arrêtés sur les points qui pouvaient présenter des difficultés, ou qui, ayant été mal écrits, ou totalement omis, dans les traités qui ont précédé le nôtre, exigeaient plus d'attention de notre part et nous avons passé légèrement sur les choses connues ou déjà suffisamment décrites. Nous serons obligé de suivre la même marche pour l'objet qui va maintenant nous occuper. Les boîtes, les coffres, les nécessaires, les valises et plusieurs autres objets de cette nature sont des meubles fermans; mais nous les passerons également sous silence, parce que leur fabrication n'offre rien de difficile et que nous devons de préférence nous arrêter sur les grands meubles qui sont d'une forme moins variable et dont le menuisier en meubles et l'ébéniste ont plus particulièrement besoin de connaître la structure. Les autres petits meubles, enfans du caprice, variant sans cesse avec lui, sont plus ordinairement faits à la grosse, en fabrique, par des procédés particuliers qui permettent de les

livrer au commerce à des prix si res-
treints, qu'un ouvrier ordinaire ne pourrait les entreprendre sur le même pied,
sans se faire tort.

Buffets.

Nous commencerons par la description du buffet, *figures* 1 et 2, planche 64.
Ce meuble dont la forme a peu changé
parce qu'on n'a jamais pensé à en faire un
objet de luxe, resemble encore, tel qu'on
le fait maintenant, à ceux qu'on faisait il
y a vingt ans; s'il est commode et solide,
un buffet aura toujours les qualités exigées de l'ouvrier pour sa fabrication. Les
buffets sont des meubles d'antichambre
et surtout de salle à manger ; on en fait
de diverses manières ; mais ils sont ordinairement divisés en deux parties sur
leur hauteur, à l'endroit de la tablette
d'appui.

Le corps de bas du buffet est chevillé
dans toutes ses parties et contient communément une rangée de tiroirs d'environ quatre pouces de hauteur placés au-
dessous de la tablette d'appui. Ces tiroirs
doivent être enfermés dans un bâtis ou

caisson, si le buffet est recouvert d'un marbre au lieu d'une tablette.

On place ordinairement une tablette au milieu de l'espace qui reste du dessous du caisson au dessus du fond d'en bas, qu'on doit faire saillir au-dessus du battement des portes. Ce qu'il faut de même observer pour la tablette d'appui, laquelle sert de fond au corps du haut qui doit être plus étroit ou pour mieux dire moins profond que celui du bas, de six pouces au moins, non compris la saillie de la tablette.

La partie supérieure du buffet est remplie par trois ou quatre tablettes au plus. On fait quelquefois sur ces tablettes une petite rainure, ou l'on y rapportait autrefois un petit tasseau placé à environ 2 pouces du derrière, afin de retenir ce qu'on posait sur les tablettes; cet usage a depuis été en partie abandonné. Les tablettes sont droites et ont à peu près la profondeur du corps du buffet.

Quelquefois on rétrécit ces tablettes au milieu en les chantournant, mais de manière qu'elles aient à leur extrémité toute leur largeur.

La face d'un buffet, tant du haut que du bas, est fermée de deux portes, à côté desquelles on pratique, si l'on veut des pilastres.

La largeur des buffets varie depuis trois pieds et demi jusqu'à quatre pieds; la hauteur est de six à sept pieds et demi; la hauteur de l'appui doit être de deux pieds huit à dix pouces au plus. Quant à leur profondeur elle doit être, pour le corps du bas, de dix-huit à vingt pouces au plus et pour celle du haut de cinq à six pouces de moins que l'autre. Il fut un tems où l'on remplaçait les panneaux des portes de haut par des treillis en fil de laiton, afin que l'air pût pénétrer plus facilement dans l'intérieur; cet usage a été abandonné, parce que ces treillis, en livrant passage à l'air, le livraient aussi à la poussière et aux mouches qui gâtaient tout.

Lorsque le buffet n'a que la partie du dessous, on lui donne parfois une forme plus moderne et se rapprochant assez de celle des commodes, ainsi qu'on peut le voir même planche 64, *figures* 3 et 4. Ces buffets se font en noyer et peuvent être recouverts d'un marbre, sinon la tablette supérieure se fait avec des planches de noyer encadrées à onglet. Les deux tiroirs *a a* avancent par-devant au niveau des entablemens qui surmontent les colonnes. On pratique au-dessous de la saillie une rainure qui sert à les tirer. Les portes sont composées de traverses assemblées, quelquefois d'onglet, mais le plus communément carrément ainsi que nous les avons représentées. Les portes battent à feuillure, ainsi que le plan *fig*. 4 le fera comprendre. La seule chose sur laquelle nous croyons devoir d'ailleurs appeler l'attention est la ferrure de ces portes pour laquelle nous renvoyons aux détails de la fermeture de l'armoire, représentée même planche, *fig*. 5, 6 et dont nous allons nous occuper; nous ferons seulement, dès à présent, remarquer les lignes ponctuées *b b* du plan, qui indiquent l'échancrure à faire à la tablette du milieu pour faciliter le jeu des portes qui ne pourraient point s'ouvrir si la planche était droite d'un bout à l'autre. C'est sur cette planche qu'est fixé le crochet qui entre dans le piton *c*, lequel crochet retient fermé le battant gauche du buffet.

Armoires.

Nous commencerons, avant de donner

l'explication de la figure que nous avons dessinée, par dire comment se faisait autrefois les armoires, parce que cette manière de faire n'avait rien qui choquât le goût et qu'il pourrait bien arriver que la mode la ramenât, d'autant plus que le seul panneau dont on ferme actuellement les portes de l'armoire, offre moins de chances de solidité et de durée que les encadremens qu'on faisait jadis. Nous sommes loin cependant d'approuver ces contournemens bizarres qu'un goût dépravé avait donnés aux traverses et aux panneaux ; mais nous ne pouvons nous dissimuler que l'encadrement carré à deux ou trois panneaux, avait bien aussi ses avantages. Un seul panneau de la hauteur de la porte plaît assurément davantage à l'œil, la beauté du veinage du bois s'y développe bien mieux ; mais aussi, un si long panneau n'est-il pas sujet à se voiler, et cette traverse du milieu, sur laquelle on posait la serrure et qu'on a supprimée, ne fait-elle pas faute dans la nouvelle fabrication? Nous abandonnons ces questions à la sagacité de nos lecteurs et nous poursuivons nos descriptions.

Les armoires anciennes avaient depuis 6 jusqu'à 7 et même quelquefois 8 pieds de hauteur sur 3 pieds 6 pouces à 4 pieds 6 pouces de largeur et depuis 18 jusqu'à 24 pouces de profondeur.

On y distingue, était-il dit dans la première édition de cet ouvrage, cinq parties principales, savoir : la devanture, composée de deux portes, une corniche, les deux côtés, le derrière, les deux fonds, l'un du haut, l'autre du bas. Quelquefois aussi on y met des tiroirs apparens par le bas ; l'intérieur est garni de tablettes et de tiroirs.

On dispose les armoires de manière quelles puissent se démonter par pièces; pour cet effet on construit à part et on cheville les petites traverses avec les pieds, et les traverses du devant, tant du haut que du bas et le derrière s'assemblent dans les côtés et s'y arrêtent avec des vis, ces vis se placent comme celles des lits.

La corniche des armoires se construit à part et on la fait entrer à rainure et languette dans les traverses du haut, ou quand elles n'ont pas assez d'épaisseur, on y fait simplement une feuillure et on y pose par-derrière des taquets qui lui servent de joue et la retiennent en place. Ces corniches s'assemblent d'onglet à l'ordinaire et on y place une clé dans le fort du bois, qui, étant bien collée et ajustée, vaut mieux qu'un tenon en plein bois, qni ne pouvant être de fil comme la clé, serait plus sujet à s'éclater. La saillie des corniches ne tourne pas par-derrière l'armoire, où elle serait nuisible ; mais on coupe les retours au nu de cette dernière et on en retient l'écart par une barre à queue placée en dessus. Comme ces corniches sont quelquefois cintrées on peut les prendre dans du bois de moyenne largeur, dont la levée du devant puisse servir au dehors. Nous avons dit plus haut, à l'article *siéges*, comment se font les entre-coupes avec le plus d'économie possible.

Le derrière des armoires se brise en deux parties sur la hauteur ; ces deux parties s'assemblent entre elles à rainure et languette. Chaque partie est composée de deux traverses et de quatre montans au moins, entre les quels sont des panneaux unis.

Les traverses du haut et du bas des armoires sont rainées pour recevoir les fonds, ainsi que celles de devant et de côté. Les derrières des traverses des côtés se font de bois d'un pouce d'épaisseur au moins et leurs panneaux de 8 à 9 lignes, leurs pieds doivent avoir 2 pouces d'épaisseur sur 3 pouces de largeur au moins. Quant aux traverses du bas il suffit de leur donner un pouce et demi d'épaisseur.

Les fonds des armoires se font en bois uni de 9 lignes d'épaisseur au moins, on les entaille à l'endroit de la saillie intérieure des pieds, dans lesquels ils entrent à rainures et languettes, auxquelles on ne donne que le moins de longueur qu'il est possible, afin de ne pas trop affaiblir la joue des assemblages. Comme ces fonds sont sujets à être démontés, il est bon d'y mettre des barres à queue par derrière pour les empêcher de se voiler et de se casser.

Les tablettes des armoires se font de bois plein et uni, et on les pose dans les armoires ordinaires au nombre de trois, sans compter le dessus du caisson des tiroirs qui fait la quatrième. Ces tablettes se posent sur des tasseaux qui sont assemblés dans les battans ou pieds de l'armoire, ou bien simplement supportés par des taquets, ce qui est encore plus commode.

Le caisson qui porte le tiroir du milieu est composé d'une tablette en-dessus et d'une autre en-dessous, avec des montans assemblés, tant par la face que sur les côtés, lesquels forment deux cases à part, dans lesquelles entrent les tiroirs. Ces tiroirs ont ordinairement 3 à 4 pouces de profondeur du dedans, et on doit avoir soin que le caisson soit ajusté de manière qu'il n'y ait aucun jour tant en dessus qu'en dessous, où la tablette doit être de toute la profondeur de l'armoire. Les tiroirs du bas ouvrent de toute la largeur de l'armoire. Ils passent sur des coulisseaux qu'on assemble dans les côtés de l'armoire qu'ils débordent de 8 à 9 lignes, sur une épaisseur à peu près égale. Ces coulisseaux doivent remplir tout l'espace qui reste depuis le devant du pied jusqu'au derrière de la traverse de côté. qu'il est bon de faire descendre jusqu'au dessous du tiroir afin de le cacher.

On se contente quelquefois de mettre dans les armoires des tablettes de 6 pouces en 6 pouces, lesquelles coulent dans des coulisseaux assemblés dans les côtés de l'armoire, qu'ils excèdent d'environ 6 lignes, pour que leur rainure, qui doit en avoir 4, laisse 2 lignes de plus de chaque côté des pieds. On fait la rainure du coulisseau des deux tiers de l'épaisseur de la tablette à laquelle on adapte une feuillure pour lui conserver toute sa force.

Les tablettes sont pleines pour l'ordinaire, mais il vaudrait mieux les faire à claire-voie, pour que l'air y circulât aisément et qu'il n'y eût point d'odeur de renfermé; il est bon de mettre des poignées brisées en fer à ces tablettes afin de faciliter leur extraction au dehors.

On fait d'autres armoires de garde-robe où, au lieu de tablettes, on place des porte-manteaux qui sont accrochés à une barre de fer, prenant toute la largeur de l'armoire. Cette barre de fer est supportée par deux tasseaux, dans l'un desquels elle entre en entaille, afin de la pouvoir retirer à volonté.

On fait quelquefois des crémaillères qu'on place dans les quatre coins de l'armoire; on pose des tasseaux sur ces crémaillères et on pose les tablettes sur ces crémaillères. Cette manière d'agir procure l'avantage de donner aux tablettes l'écartement voulu. On peut voir pour ce qui concerne ces crémaillères l'article bibliothèque dans la 2ᵉ partie de cet ouvrage et plus bas le chapitre de l'*É-bénisterie*.

Comme la plupart des renseignemens que nous venons de donner sont encore applicables aux armoires faites suivant les nouveaux modèles dont nous donnons, *figures* 5 et 6, l'élévation et le plan, nous n'aurons plus que fort peu de choses à dire relativement à cet objet; les figures, dessinées avec soin, en donneront une idée satisfaisante; mais nous devons parler de la ferrure, parce qu'elle présente quelques particularités.

Jadis les armoires étaient ferrées à fiches saillantes avec des broches à tête ornée; les ménagères mettaient de l'amour-propre à tenir leurs ferrures toujours brillantes : maintenant la mode les a affranchies de ce soin, il ne paraît plus de fer au-dehors, et l'armoire lorsqu'elle est d'une grandeur moyenne, se ferre comme les buffets, au moyen de pivots. Quand elle est grande on met au milieu de la hauteur des gonds brisés et coudés, recouverts, et dont l'axe se trouve sur la même ligne que les pivots.

Les pivots sont tout simplement deux bandes de fer plus ou moins longues, suivant la force des portes, percées de plusieurs trous fraisés, destinés à recevoir les vis qui les maintiennent sur les champs supérieur et inférieur des portes et sur les champs de la traverse du haut et de celle du bas. Les *figures* 7 et 8 représentent ; celle notée 7, le pivot du bas, celle notée 8, le pivot d'en haut vu de profil. L'une des deux bandes de fer porte à l'une de ses extrémités une pointe ou tourillon en saillie, l'autre est percée d'un trou de calibre dans lequel entre ce pivot. Elles s'ouvrent en décrivant l'arc *a*, *fig*. 7. La branche du dessous qui porte ce pivot, se place sur le champ de la traverse du bas dans un encastrure faite pour la recevoir; l'autre branche se pose de même sur le champ de la traverse inférieure de l'encadrement de la porte, dans laquelle elle est également encastrée, et l'une et l'autre sont en outre arrêtées dans les encastrures au moyen de vis à bois.

Quant au pivot du haut il est quelquefois posé de même lorsque l'armoire se décheville sur le côté, alors on lève la

traverse du haut pour dégonder les portes. Lorsque l'armoire ne se brise point à
cet endroit, on fait le pivot assez long
pour qu'il pénètre à travers de la barre
du haut, d'où on le retire en enlevant
le chapeau qui le recouvre. La *fig*. 8 représente ce pivot allongé. Quand on veut
démonter l'armoire, on commence par
le retirer. La porte, libre du haut, vient
alors en devant et on peut l'enlever de
dessus le pivot inférieur.

La *fig*. 9, représentant sur plus grande
échelle un des montans de l'armoire, et
une partie de la traverse du battant et
du panneau, fait voir comment s'opère
l'ouverture et à quel endroit doit être
placé le pivot pour que le mouvement se
fasse librement. Les lignes ponctuées *a*
indiquent la position de la porte ouverte, *b* est le pilastre, *c* l'encadrement de
la porte, *d* le panneau. On doit abattre
l'angle extérieur afin que le battant
puisse tourner sans rencontrer le pilastre. Nous avons outré sur la figure la
pente donnée au champ du battant, afin
de rendre sensible ce qui n'aurait pu être
saisi dans un aussi petit dessin si les
proportions avaient été gardées. On conçoit qu'il faudra échancrer toutes les ta-

blettes du haut jusqu'en bas, ainsi que nous l'avons indiqué en *b*, *fig*. 4, afin de laisser libre le talon *a*, *fig*. 9. Cette ferrure est très-simple, nous espérons que le lecteur trouvera notre démonstra-tration suffisante.

Dans les armoires en ébénisterie les brisures se font autrement, elles ont lieu par tiers dans la hauteur.

Les armoires ordinaires se font en chêne ou en noyer, les tablettes sont en sapin. En thèse générale, dans la fabri-cation des grandes armoires l'ouvrier ne doit jamais perdre de vue ce principe, qu'elles doivent être assemblées de ma-nière à se monter et démonter facile-ment.

Armoires à Glace.

Ce meuble qui a remplacé les psychés produit un très-bel effet et est très-meu-blant : c'est tout simplement une armoire ordinaire à un seul battant, nous en avons donné un dessin, *fig*. 1re, pl. 65 ; mais l'armoire exécutée sur ce modèle, présente quelques difficultés sous le rapport des coins ronds. La frise est un talon renversé, qui peut passer pour une des pièces les plus difficiles de l'é-bénisterie pour le placage, surtout relativement aux coins arrondis. La glace qui forme la porte est posée dans un parquet et retenue par un encadrement plaqué. Cet encadrement se fait en chanfrein, ou bien à talon renversé comme la frise. Voy. *fig.* 3, 4. Le soubassement contient assez souvent un tiroir de toute la largeur du plan. On en met aussi quelquefois un autre dans la seconde plinthe, mais plus rarement. Dans tous les cas on encaisse le tiroir de dessous en le recouvrant d'un faux-fond. La porte se développe au moyen d'un pivot col de cigne. L'intérieur est garni de quatre crémaillères supportant les tasseaux sur lesquels sont placées les tablettes. Nous dirons, au chapitre de l'ébénisterie, comment on s'y prend pour plaquer les parties courbes de cet armoire ; elle n'offre rien d'ailleurs de particulier dans sa fabrication qui puisse nous empêcher de passer de suite à la démonstration d'autres objets. Les *fig.* 2 et 5 offrent les plans des plinthes et des intérieurs.

Armoires, Bibliothèques vitrées.

La même planche 65 contient la coupe et l'élévation d'une bibliothèque vitrée. Ce que nous avons dit de ce meuble dans la 2ᵉ partie, menuiserie en bâtimens, nous dispense d'entrer maintenant dans de longs détails ; cette construction est d'ailleurs si simple, que l'inspection de la figure suffira pour faire comprendre en quoi cette armoire-bibliothèque diffère de celle précédemment décrite. On l'orne quelquefois de colonnes et de pilastres. Les portes de la partie inférieure sont à panneaux ou à grillage ; celles de la partie supérieure sont vitrées et assez souvent on remplace les petits bois par des tringles en cuivre, si l'on ne met point une seule glace de toute la hauteur du battant, afin de moins masquer les livres. Les battans tournent sur des pivôts du genre de ceux décrits planche 64, *fig.* 7, 8, 9. Si l'on fait les portes pleines et plaquées, comme celles des armoires ordinaires, elles se font en emboîtures, et en général les assemblages sont les mêmes que dans les autres meubles, si ce n'est que s'il arrive que la frise de l'entablement n'ait que 3 à 4 pouces, au lieu d'assembler la traverse dans les pieds et de l'arraser en parement, on la fera flotter de 2 à 3 lignes sur le pied, en la faisant joindre d'onglet à l'angle, ce qui évitera un joint, qui finirait, lorsque le bois aurait fait son effet, par devenir apparent.

Commodes.

Après le lit, la commode est le meuble le plus indispensable ; il fait partie intégrante du plus mince ameublement, il y en a autant que de chambres à coucher ; on le trouve dans la mansarde de la plus pauvre ouvrière, dans la chambre garnie de l'étudiant, dans les appartemens les plus somptueusement décorés; il est partout meuble de rigueur. J'ai visité de grands établissemens où l'on ne fait absolument rien autre chose que des commodes ; il n'est pas un ouvrier en meubles qui n'en fabrique journellement; on doit donc se figurer aisément qu'elle immense diversité de formes ce meuble doit affecter, combien il doit avoir de prix divers pour que toutes les bourses, tant petites fussent-elles, puissent le payer. Nous n'entreprendrons pas de donner des règles fixes sur sa fabrication. Embarrassés du choix, nous avons dessiné, pour être offertes en modèle des commodes, s'écartant un peu de la forme ordinaire, parce que nous avons pensé que pour les autres, l'ouvrier aurait à toute heure et partout des modèles exécutés, qu'il pourrait consulter avec fruit. Nous ne lui dirons donc que peu de chose sur le matériel de cette fabrication, nous ne l'entretiendrons que de quelques particularités sur lesquelles il peut être utile d'appeler son attention.

Les commodes ont trois ou quatre tiroirs, et ce sont, à proprement parler ces tiroirs qui constituent la commode, eux seuls rendent service et le reste n'en est que le support, l'enveloppe et la fermeture. La commode, dans la plus grande simplicité, se fait carrée. Sa hauteur ordinaire est de 32 à 34 pouces, sa largeur de 4 pieds environ, sur 20 pouces de largeur, elle se compose de quatre montans assemblés par huit traverses posées sur champ, à l'exception des traverses supérieures du devant et des côtés, qui se posent à plat. Les pe—

tites traverses qui séparent et support-
tent les tiroirs, s'assemblent à tenons et
mortaises chevillés avec les montans du
devant. Les panneaux des côtés de la
commode sont du même bois que les
devans, ils sont assemblés à rainure et
languette dans leur encadrement formé par les montans de devant et de derrière d'une part, et de l'autre, par les
traverses latérales supérieure et inférieure. Le derrière est composé de deux
panneaux bruts, également assemblés
par des rainures et des languettes dans
leur encadrement, composé des montans de derrière et d'une traverse mise
debout au milieu du derrière d'une
part, et de l'autre des traverses du haut
et du bas. Ces panneaux se font en chêne
ainsi que les fonds du haut et du bas.

Lorsque la commode est à colonne on
met quatre tiroirs, le tiroir du haut non
fermant à clé, saillant de la largeur de
l'entablement, et se tirant au moyen
d'encoches faites en-dessous de sa saillie;
dans les commodes à demi-colonnes et
autres à pilastres ou unies, on ne met
que trois tiroirs de niveau, la traverse
du haut par devant est ornée de moulures formant corniche, les demi-co-

lonnes ou pilastres montant jusqu'à cette corniche, sans architrave ni frise intermédiaires, comme dans les commodes à colonnes détachées.

Le dessus des commodes communes se fait en bois choisi ; mais lorsqu'un marbre doit former ce dessus, la doublure se fait en chêne ou en hêtre. Cette doublure est composée de deux panneaux et d'une traverse, mise à plat et assemblée à queue avec la traverse mise à plat du devant et celle mise sur champ du derrière ; toutes les parties saillantes du dessus de la commode, doivent être absolument de même hauteur et bien dressées, afin que le marbre pose bien également tout autour et sur la traverse du milieu, la moindre inégalité dans un des montans se ferait remarquer par le balancement du marbre, les autres inégalités le faisant porter à faux l'exposeraient à se briser facilement.

Nous avons représenté, *fig.* 1 et 2, pl. 66, le détail des assemblages assez compliqués des pieds avec les traverses du haut. Soit *a fig.* 1re, un des montans du devant vu par-dessus, *b* la traverse de devant, *c* la traverse de côté, *d* la moulure de la corniche rapportée et collée sur le champ

des traverses lorsque le meuble est plaqué; ces moulures ne se plaquant pas,
mais étant prises sur des bandelettes de
bois plein.

Soit également *a*, *fig.* 2, le pied de
derrière vu par-dessus, *b* la traverse sur
champ de derrière, *c* la traverse à plat
du côté, *d* la moulure collée sur le champ
de cette traverse.

Ces traverses, ainsi que celles du milieu, sont saillantes sur la doublure de
4 lignes environ. Cette doublure s'assemble avec elles à rainure et languette.
On leur donne 3 pouces au moins de largeur sur 18 lignes environ d'épaisseur:
la traverse du milieu se fait moins épaisse, elle affleure en-dessus, mais désaffleure en-dessous, la traverse sur champ du
derrière *b*, *fig.* 2, n'a assez souvent qu'un
pouce d'épaisseur.

Les tiroirs glissent sur des tasseaux,
ils sont séparés entre eux par des faux-
fonds ou doublure en sapin ou en bois
blanc.

L'assemblage des traverses du bas
qu'on fait très-épaisses, afin qu'elles
puisse former plinthe tout au tour, n'a
rien qui le fasse distinguer : ces traverses
posées sur champ, entrent par des te-

nons dans les mortaises pratiquées dans les montans où ils sont chevillés.

La ferrure des commodes consiste dans les poignées et les serrures et leurs entrées : c'est la mode qui détermine leur forme. La pose est toujours peu de chose, excepté lorsqu'il faut entailler pour les garnitures d'entrée en cuivre ; mais alors l'entrée elle-même sert de guide pour le tracé.

La *fig*. 3, de la pl. 66, représente une commode à colonnes détachées, le socle *a* et la frise *b* sont des morceaux rapportés. Le quatrième tiroir *c* affleure avec la frise *b*, et est en saillie sur les trois autres tiroirs de toute l'épaisseur de cette frise ; dans ce cas, la traverse *b*, *fig*. 2, doit être d'une largeur telle qu'elle vienne former, par son champ et par la moulure collée dessus, la corniche *d*, *fig*. 3.

La *fig*. 4 représente une commode à coins carrés, exécutée sur un modèle de forme plus moderne. La partie supérieure *b* est un talon renversé ; la plinthe *a* se fait quelquefois droite, assez souvent bombée, ainsi que le démontre la ligne courbe *s*. Ces surfaces courbes font toujours un bon effet en ébénisterie, parce que le vernis y brille d'un éclat plus vif. Les pieds de cette commode ne se font pas en cul-de-poule, comme ceux de la commode *fig*. 3, ils sont carrés et contournés, suivant le goût de l'ouvrier et assez ordinairement, ainsi que la *fig*. 4 les représente.

La *fig*. 5 représente une commode à gorge, on la fait à coins ordinaires ou à coins ronds, ainsi que l'indique le plan *fig*. 6. Le coin rond à l'endroit de la gorge, présente une assez grande difficulté pour le placage ; nous en parlerons au chapitre de l'ébénisterie.

Nous comprenons dans ce chapitre le meuble représenté *fig*. 7, bien, qu'à dire vrai, on ne puisse guère le considérer comme une commode. Cependant comme il n'est connu des ouvriers que sous la dénomination de *commode-secrétaire*, il nous a été impossible de lui trouver une autre place.

Il se compose de deux parties, l'inférieure, comprise entre le bas et l'astragale A A, la supérieure qui commence à cet astragale et va jusqu'au marbre qui recouvre le meuble.

La partie inférieure ressemble aux commodes et aux buffets dont nous avons donné la description *fig*. 3 et 4, pl. 64 et page 186. Elle ressemble aux commo-

des en ce que la plinthe, les pilastres,
les traverses latérales, ainsi que les panneaux qu'elles encadrent, les traverses
du derrière, les fonds, faux-fonds et
doublures se font à peu de chose près de
même, et elle leur ressemble encore, en
ce que, comme les commodes, elle renferme trois tiroirs, occupant toute la
capacité en hauteur, largeur et profondeur; mais ces tiroirs ne ressemblent en
rien à ceux des commodes, ils sont
moins hauts par-devant que par-derrière;
ce qui fait qu'il existe entre eux un espace assez considérable pour qu'il soit
possible de voir ce qu'il y a dans chaque
tiroir, et pour pouvoir y prendre ce qu'on
veut, sans qu'il soit nécessaire de le tirer; ce qu'on a toujours cependant la
facilité de faire lorsqu'on le veut, ou
qu'il en est besoin pour prendre les objets qui sont au fond. Ces tiroirs sont
marqués *a a*, sur la *fig*. 7, et les espaces
qui les séparent sont indiqués par *b b b*.
Nous avons d'ailleurs dessiné à part et vu
de profil, *fig*. 8, un de ces tiroirs et le
tasseau *a* qui le supporte. On voit que le
devant du tiroir, arrondi sur son champ
supérieur, descend plus bas que le fond
du tiroir, afin de recouvrir et de cacher
le bout des tasseaux *a a*, indiqués en *c c*,

dans la *fig*. 7, par des lignes ponctuées.

Cette partie inférieure ressemble au buffet, en ce que, comme lui, elle est fermée par deux portes battantes, ferrées de même à pivots. Ce sont ces portes qui, par leur fermeture, remplacent celle des tiroirs, qui, sans cela, n'offriraient aucune sécurité, les objets qu'ils contiennent, pouvant être pris, et étant d'ailleurs exposés à la poussière qui pourrait s'y introduire sans obstacle.

Comme on peut le voir dans la *fig*. 7, ces portes sont composées de 4 traverses, formant encadrement, assemblées d'onglet et renfermant un panneau. La porte à gauche se fixe par une targette à bascule, faisant verrou en haut et en bas et s'ouvrant ensemble ; la porte à droite doit se fermer à serrure ou à secret. Toutes les deux tournent sur pivots, et nous en avons représenté le plan au-dessous de la *fig*. 7. Les lignes ponctuées qu'on y remarque indiquent la place du battant lorsqu'il est ouvert. On voit aussi en *a*, même figure, plan, l'échancrure circulaire qu'on fait au montant pour que le développement des portes ne soit point gêné.

La partie supérieure de la commode-secrétaire est fermée par un seul battant

de toute la largeur du meuble et remplissant, sur la hauteur, l'espace compris
entre l'astragale AA et la corniche supérieure. Nous n'avons représenté, dans la
fig. 7, que la moitié de ce battant, afin
de faire voir l'intérieur qu'il recouvre.

Cet intérieur est divisé en divers compartimens formant un casier, dans lesquels on peut mettre des cartons. On
réserve au milieu, par le haut, une case
très-large, pour placer les grands papiers, et, au-dessus, une autre case moins
large, mais plus haute, dans laquelle
certains volumes peuvent tenir de bout;
on peut, d'ailleurs, diviser ce casier suivant le goût et la commodité de la personne qui le fait faire.

Le battant B, *fig*. 7, qui ferme le casier, est quelquefois composé d'une seule
pièce, et d'autres fois, comme dans le
modèle, d'un encadrement assemblé
d'onglet et d'un panneau ; il est recou
vert, à sa partie intérieure, d'un cuir ou
maroquin visible sur sa tranche en *a a a*,
fig. 9, représentant le casier et le battant B vu de profil. Ce battant tient, au
moyen de trois fortes charnières *c*, solidement fixées à l'aide de vis fraisées, à
la table mobile C vue en bout, *fig*. 7, et;

12*

de profil, *fig.* 9. Il n'est coupé carrément ni par le haut, ni par le bas, afin
que, lors de son ouverture et de sa fermeture, il puisse se mouvoir sous la
corniche supérieure et sur sa table fixe D,
fig. 7 et 9, dont il sera parlé plus bas.
Le battant B est en outre entaillé par le
bas d'une feuillure inclinée *b, fig.* 9, se
rapportant avec une rainure semblable *b*,
mais en sens inverse, pratiquée dans la
table mobile C, avec laquelle elle doit se
rapporter ; des lignes ponctuées indiquent la position de ce battant B, lorsqu'il est rabattu pour faire table à écrire.
Le battant, lorsqu'il est relevé, s'appuie
sur les joues E saillantes du casier, vues
de profil, *fig.* 9, et sur champ, *fig.* 7.

Mais la saillie produite par l'abaisse-
ment du battant B ne serait pas suffisante pour qu'une personne pût y écrire
sans être gênée, ses genoux toucheraient
aux tiroirs *a a* de la partie inférieure, ou
aux portes qui les renferment ; on a imaginé, pour donner de la largeur à cette
tablette, de faire mobile la table C qui
en est la continuation. Elle sert de base
au casier qui, comme elle, peut être
amené en avant. Cette table C d'une
force proportionnée à la pesanteur qu'elle

doit supporter, et qui résulte de son propre poids, de celui du battant B, du casier et des objets qu'il renferme, serait difficile à tirer si on l'avait laissé simplement frotter sur les tasseaux et le faux fond ; mais on a évité cette imperfection en plaçant 4 roulettes F F, deux de chaque côté, vues à part en dessus, *fig.* 10 et de profil *fig.* 11, dans les tasseaux, en les faisant saillir d'une demi-ligne ou une ligne au plus ; la table mobile C posant sur ces roulettes n'éprouve point de frottement, et obéit facilement à la main qui l'attire, surtout si ces roulettes, faites en bois ou en cuivre, sont bien rondes, que l'œil soit percé parfaitement au centre, que l'axe qui les traverse soit bien rond, et que le tout soit suffisamment savonné. Pour empêcher que, trop tirée, la table ne puisse sortir tout-à-fait, et pour régler sa marche, on met à cette table mobile C, à la partie postérieure de chacun de ses champs latéraux, une clé ou guide en bois G, entrant dans une coulisse savonnée, assemblée dans les montans de la commode. Cette clé ne sert pas seulement à guider la marche et à prévenir la chute du casier, en s'opposant à ce que la table mobile sorte tout-à-fait, elle sert encore à supporter une partie de la charge. Elle peut même dispenser de l'emploi des roulettes et des tasseaux qui les supportent, lorsque le meuble est construit sur de faibles proportions. Nous avons dû cependant indiquer ces deux moyens, qui, employés simultanément, assurent davantage la solidité, et rendent le mouvement plus doux et plus régulier. Les lignes ponctuées B′ et G′ indiquent la marche de progression de la table mobile, et l'on doit observer que les coulisses qui reçoivent les clés G n'aient en longueur que l'espace compris entre le derrière de cette clé et le devant de la clé figurée par des points G′.

Nous ne pousserons pas plus loin la description de ce meuble compliqué, de forme assez nouvelle, et peu connue dans les départemens; notre démonstration nous semble suffisante, s'il n'en était pas ainsi; nous invitons les ouvriers à regarder attentivement nos dessins, et à chercher dans leur intelligence la clarté qui peut manquer à nos discours.

Nous sommes à cet égard dans une méfiance continuelle ; il nous est arrivé tant de fois de ne rien comprendre à des détails techniques faits sans doute par des gens qui, comme nous, se comprenaient bien, et qui, comme nous aussi, se figuraient qu'on les comprendrait aisément! Le lecteur trouvera peut-être dans notre manière de démontrer, des redites, des inutilités, des précautions minutieuses ; mais qu'il pense, que ce qui est clair pour l'un, ne l'est pas pour l'autre, et que, dans les traités d'arts et métiers, la première qualité que doit rechercher un auteur, c'est d'être compris facilement, et par tout le monde.

Les *fig.* 12, 13 et 14, représentent en plan et en élévation des meubles approchant, pour la forme, de celui dont nous venons de donner la description, mais moins compliqués ; ces différences résident dans la manière dont se posent les ferrures dans les deux cas prévus. On voit particulièrement, *fig.* 14, comment le pivot se place quelquefois suivant le besoin, tout-à-fait dans l'angle. On incline alors la bandelette sur le champ de la traverse, afin de lui donner de la solidité. Le plan *fig.* 13, fait voir comment un balustre peut se placer sur l'angle même, et comment alors s'opère le développement des portes. La fermeture des battans par une feuillure inclinée est très-souvent employée avec succès ; nous l'avons représentée en A dans le plan *fig.* 13 et 14.

Les *fig.* 15 et 16 donnent encore d'autres modèles de ferrure dans des cas différens. Nous terminerons ce que nous avons à dire des commodes, par une observation générale. Lorsque les panneaux des côtés sont massifs, on les fait joindre avec les pieds de devant le plus exactement possible, afin d'imiter le plaqué. Ils entrent de même à rainure et languette dans les traverses du haut et du bas, et flottent sur le pied de derrière, mais il faut éviter que le panneau s'unisse immuablement avec le pied de derrière, par les raisons que nous allons expliquer.

Les bois sont hygrométriques ; ils se resserrent à la sécheresse : l'humidité les fait gonfler et s'étendre, le grand froid les contracte, la chaleur les dilate. Mais, ainsi que nous croyons l'avoir expliqué dans la première partie de cet ouvrage, les modifications que subit la matière n'ont sensiblement lieu que dans un sens. Le bois ne perd rien de sa longueur, ce n'est que relativement à sa largeur, que le changement est remarquable. Les fibres ne se raccourcissent pas, elles se rapprochent les unes des autres, parce qu'il paraîtrait assez que l'action de la température ne se porterait que sur la substance médullaire interposée entre ces fibres. Le panneau d'une commode ou d'un secrétaire, ou de tout autre meuble, cette observation est générale, pourra donc être assemblé à demeure dans les traverses du haut et du bas ; il pourra encore l'être avec l'une des traverses verticales ; mais, s'il l'est sur la quatrième, il faudra qu'il se voile par un tems chaud ou humide ; il faudra qu'il se fende par un tems sec ou froid. On évite ce défaut radical dans la fabrication de deux manières, 1° en faisant les rainures verticales très-profondes, et les languettes très-longues, ainsi que nous l'avons expliqué dans la deuxième partie de cet ouvrage, en parlant des panneaux des boiseries et revêtissemens intérieurs des appartemens ; mais alors il ne faut pas que la languette du panneau ait d'épaulement ; car cet épaule—

ment, dans les cas de retrait, se déjoindrait d'avec les montans, ce qui produirait un mauvais effet ; ou, dans le cas de gonflement, appuierait contre les épaulemens des montans, et s'opposerait à l'effet désiré, occasionerait la bombure du panneau, et par suite quelquefois sa rupture, ainsi que nous avons eu plus d'une fois l'occasion de le remarquer.

La seconde manière est de faire approcher le panneau du montant de derrière, et de le faire joindre avec lui au moyen de clés qu'on colle en dedans sur le panneau. Ces clés sont en pente sur leur épaisseur, de manière à former queue d'aronde. On entaille de la même manière le pied de derrière, aux trois quarts de l'épaisseur du bois, de sorte que l'entaille forme une coulisse à queue. En collant la clé sur le panneau, on la fait entrer dans la coulisse, en laissant deux ou trois lignes de vide au fond. En agissant ainsi, le panneau peut varier dans la coulisse sans causer de dommages. Cette longueur de deux ou trois lignes de jeu doit être arbitrée suivant la largeur du panneau. Le retrait ou le gonflement devant être plus ou moins considérable

suivant que la température agit sur une
surface plus ou moins grande.

Secrétaires.

Ainsi que la commode dont il fait
souvent le pendant, le secrétaire se
trouve presque partout, même chez
beaucoup de gens qui pourraient fort
bien s'en passer et qui ne le considèrent
que comme un meuble de parade. Comme
la commode aussi, il a beaucoup varié
dans sa forme, et tellement varié, que
nous n'entreprendrons de le suivre dans
toutes ses métamorphoses ; nous jette-
rons toutefois un regard de regret sur ces
petits secrétaires du tems passé dont
nos pères, plus positifs, se servaient avec
avantage pour écrire et serrer leurs papiers. Leur forme peu élevée, leur tablette en prie-dieu, qui en se rabattant leur offrait une table commode ; la
cave à secret tout cela avait bien son
utilité. Ce secrétaire, vraiment secrétaire,
plus maniable, pouvait être placé près
des jours, il ne masquait pas la croisée
comme le secrétaire actuel qui a sa
place déterminée d'avance dans la chambre, et qui par suite de la disposition des

fenêtres se trouve souvent relégué dans le coin le plus obscur. On n'écrit presque plus sur ce qu'on nomme actuellement secrétaire; c'est une espèce d'armoire à papier : mais qu'y faire? un regret est peut-être permis. Un mot de plus... on serait ridicule. La souveraine a parlé, qu'elle ait tort ou raison, il faut obéir à son ordre. C'est ce que nous allons faire.

Nous commencerons par décrire le secrétaire dans sa plus grande simplicité, parce qu'il sera plus facile à comprendre, sans nous arrêter aux formes extérieures et aux divers embellissemens qu'il a successivement reçus. Les *fig.* 1, 2 et 3 de la *pl.* 67 représentent un secrétaire vu de face et fermé, vu de profil, vu de face et ouvert; les *fig.* 4, 5, 6 et 7 de la même planche, représentent des détails su rdifférentes échelles de diverses pièces cachées de ce secrétaire qui exigeront une explication particulière.

Ainsi qu'on peut le voir par les *fig.* 1, 2 et 3, le secrétaire se compose de quatre montans A réunis entre eux au moyen de plusieurs traverses B, sur le devant, sur le côté et par derrière. On en met ordinairement six par devant, quatre sur les côtés, trois par derrière avec une verticale composée de deux morceaux. Ce derrière est composé de quatre panneaux assemblés à rainure et languette avec les traverses, les montans de derrière et les traverses verticales formant la croix avec celle horizontale du milieu. Quant au nombre des traverses du devant et des côtés, il varie suivant la forme donnée au secrétaire; nous ne déterminons les nombres que nous venons d'indiquer que pour le secrétaire dessiné *fig*. 1, 2 et 3. On met un dessus en même bois, ou bien plutôt en marbre; mais dans ce cas on fait un double fond. Les quatre tiroirs, celui du haut et les trois du bas, glissent dans des coulisses assemblées avec les montans de devant et ceux de derrière, et concourant avec les quatre traverses de côté, *fig*. 2, à maintenir l'écartement. Le battant ou abattant C est composé d'un grand panneau encadré par quatre traverses assemblées à onglet. Cet abattant tourne sur des pivots placés aux points *a a*, *fig*. 1re, s'ouvre et se ferme en suivant la courbe *b*, *fig*. 2 : C, *fig*. 3, le montre vu en bout, on y distingue au milieu la serrure et le pêne qui, lorsque le secrétaire est fermé s'engage dans une mortaise pratiquée dans la traverse B , *fig.* 1 et 3. Cette table est recouverte à l'intérieur d'un maroquin noir. L'intérieur du secrétaire représenté à découvert par la *fig.* 3 , est garni d'un casier diversement disposé et assez souvent de six petits tiroirs, trois de chaque côté, dont quelques-uns fermant à clé et divisés en plusieurs cases : assez souvent l'un de ces tiroirs, celui du bas de la droite, est disposé en encrier, avec poudrier, boîte à cire, etc. Cet intérieur est doublé en planches minces de manière qu'il devient impossible de voir les revers du fond et ceux des côtés. La doublure forme par devant, sur les côtés, une feuillure *c c c* contre laquelle l'abattant s'appuie lorsqu'il est relevé, et qui supporte au moyen d'assemblages en entaille , les traverses horizontales du casier, et celles sur lesquelles sont posés les petits tiroirs. Le casier est séparé du tiroir du haut par une doublure ou faux-fond, et de semblables doublures sont posées entre les tiroirs du bas, supportés par les tasseaux et les traverses de séparation.

Toute cette construction est, comme on le voit, très-facile à comprendre ; le seul point qui nécessite une explication particulière et circonstanciée, est la ferrure de l'abattant.

La serrure est maintenant toute simple comme celle des tiroirs de commode; jadis elle était à bascule et avait deux pênes qui sortaient sur les côtés et s'engageaient dans les montans. On y a renoncé avec raison. On supportait la table ouverte avec deux bras en fer qu'on faisait courbes ou droits, et qui, lorsqu'on relevait l'abattant, rentraient dans la doublure *c c*; cette méthode a été aussi abandonnée, et on lui a substitué une ferrure non apparente et qui remplit le même objet. Les *fig.* 4, 5, 6 et 7 aideront puissamment à notre démonstration.

La *fig.* 4 représente la manière dont s'opère la fermeture, on y voit en C une portion de l'abattant; en *c* la partie inférieure de la doublure, en *d* la coupe de la traverse du milieu, située entre le tiroir supérieur de la partie du bas et l'abattant. On voit que cette traverse est entaillée, sur son champ supérieur et en dedans, d'une feuillure profonde, dans laquelle se place le talon de l'abattant en venant appuyer sur la languette réservée sur la rive extérieure : cette languette affleurant les pieds et la traverse du haut, se trouve par ce moyen faire un des côtés de l'encadrement saillant qui entoure l'abattant, lorsqu'il est fermé. Les lignes ponctuées *i i* indiquent la position du battant lorsqu'il est relevé ; celles *h h* le montant de devant. On voit par la position du battant C que lorsqu'il est ouvert, son talon est recouvert par la doublure C, et qu'il appuie en outre sur la languette de la traverse *d* ; un point noir placé au milieu de l'abattant ouvert et de l'abattant figuré fermé par les lignes *i i*, indique le trou dans lequel entre le pivot sur lequel il se meut.

La *fig*. 5 représente ce pivot vu de profil. Il se pose tantôt sur l'abattant et tantôt sur la partie du montant où doit s'opérer le virement. Lorsque le pivot doit être fixé après l'abattant, et entrer dans le montant, il fait partie du bras d'appui dont il va être parlé. Dans le cas actuel, le pivot, tel qu'il est représenté *fig*. 5, est destiné à être posé sur le montant, on entaille le bois pour y encastrer la plate-bande et on la consolide dans l'entaille au moyen de vis à bois.

Mais comme l'abattant ouvert pèse-
rait trop, en supposant même qu'on ne
le chargeât point et qu'on pût se dispenser d'appuyer dessus, pour se tenir
dans la position horizontale en n'étant
arrêté que par la faible résistance offerte
par la doublure *c* et par l'appui trop
rapproché qu'il trouve sur la languette
de la traverse *d*, on a cherché d'autres
moyens de consolidation, pour remplacer les bras de fer autrefois mis en
usage ; et le crochet représenté *fig.* 6 et
7 nous paraît avoir atteint parfaitement
ce but. Ce crochet vu de profil, *fig.* 6,
se place par encastrement sur le champ
du battant C qu'il affleure ; on l'y fixe en
outre à l'aide de vis à bois à tête fraisée.
il est percé un peu avant le premier coude
d'un trou de calibre avec le pivot, *fig.* 5,
passé ce premier coude il monte de 6
pouces environ, et forme un second
coude qu'on ne peut bien distinguer sur
la *fig.* 6, parce qu'il y est vu de face ;
mais qu'on aperçoit facilement sur la
fig. 7. Il vient appuyer lorsque l'abattant est ouvert, contre la partie intérieure du montant de devant *a*, sur une
feuille de fer ou de cuivre disposée pour

le recevoir. On se dispense même assez souvent de mettre cette semelle, la résistance opposée par le bois étant suffisante. L'abattant étant ainsi supporté des deux côtés, ne peut plus fléchir ; les crochets jouent facilement par derrière la doublure *c* , *fig.* 3, et ne sont dans aucune position aperçus du dehors.

Il y a encore bien d'autres moyens de supporter l'abattant ; mais celui que nous indiquons remplissant les conditions exigées , nous estimons qu'il est inutile d'en grossir ce chapitre.

Tous les secrétaires, nous l'avons déjà dit, n'affectent pas la forme donnée dans notre modèle ; assez communément. les trois tiroirs du bas sont remplacés par deux battans semblables à ceux du buffet, *fig.* 3 et 4, *pl.* 64 ; on divise alors l'espace fermé pas ces battans, avec des tablettes et on met un coffre-fort dans une de ces divisions. Ce coffre-fort, fermé par des serrures de sûreté, est fait en bon chêne de 12 à 15 lignes d'épaisseur; il s'ouvre en trappe et est retenu dans le secrétaire par de fortes chevilles en bois placées sur les côtés

Les *fig.* 8 et 9 représentent, vu de

face, une autre espèce de secrétaire plus moderne; il se fait à coins ronds. Le tiroir du haut occupe l'espace rempli par la gorge. Les doublures, colonnes et divisions du dedans sont plaquées comme le dehors. La partie du bas, fermée par deux battans, est garnie de trois tiroirs espacés et à jour, du genre de ceux dont nous avons donné la description dans l'explication de la commode-secrétaire ; page 207, et *fig*. 7, *pl*. 66. Ces tiroirs sont devenus à la mode depuis quelque tems et nous trouvons leur emploi avantageux; les *fig*. 8 et 9 étant fort faciles à comprendre au moyen des explications qui précèdent; nous ne pousserons pas plus avant notre démonstration.

§ VII. *Meubles divers.*

Nous réunirons sous ce titre la description abrégée de plusieurs autres meubles dont nous n'avons pas encore parlé, parce qu'ils n'entraient pas dans nos divisions, mais qui méritent cependant une mention; tels sont les chiffonniers à tiroirs, les psychés, dont la mode est passée, mais doit revenir, parce que la psyché est évidemment plus commode que l'armoire à glace qui l'a remplacée. La psyché se roule partout; on l'approche du jour, on la place près de soi, on la fait pencher en avant pour se voir des pieds jusqu'à la tête. L'armoire à glace n'offre pas ces avantages : quelquefois placée à contre jour, il faut qu'elle y reste. Nous devons aussi parler de la boîte à miniature qui se fait en ébénisterie, non que son usage soit aussi généralement répandu, mais parce qu'elle offre dans sa confection un arrangement particulier qu'il est utile de faire connaître. Il en est de même du pupitre de musicien, du chevalet des peintres, et c'est peut-être parce qu'ils ne sont pas d'un usage aussi répandu qu'il convient d'en dire quelques mots; où l'ouvrier à qui ils seront demandés pourra-t-il en trouver des modèles, si ce n'est dans l'ouvrage qui doit éclairer sa pratique, lorsqu'il n'a pas d'antécédens dans son souvenir. Toutes ces considérations nous ont engagés à comprendre sous un même titre ces ouvrages divers.

Le chiffonnier à tiroirs, ou serre-papiers, est une espèce de secrétaire garni de tiroirs depuis le haut jusqu'en bas; nous l'avons représenté vu en profil, *fig*. 1re, *pl*. 68, et en plan, *fig*. 2, ces deux aspects devant suffire. Ce chiffonnier se divise en deux parties, l'inférieure et la supérieure, contenant chacune cinq tiroirs, plus ou moins selon la hauteur de tiroirs, ou la hauteur totale du meuble qui ne dépasse guère 5 pieds et demi ou 6 pieds. La partie inférieure s'élève jusqu'à la tablette *a a*. Cette tablette est ordinairement supportée par devant par des pilastres et alors les tiroirs viennent les affleurer à deux ou trois lignes près : ce qui fait que ces cinq tiroirs sont plus profonds que ceux du haut.

A partir de la tablette *a a*, qui fait appui, jusqu'au haut, s'élèvent deux colonnes ou demi-colonnes, qui supportent l'entablement, assez ordinairement recouvert d'un marbre; entre ces colonnes sont les cinq tiroirs supérieurs. Ce meuble est tellement simple dans sa construction que nous nous en reposons sur les figures. On voit ombrée dans la *fig*. 1re, la coupe des dix tiroirs. On les fait porter sur des coulisseaux et quelquefois on les sépare entre eux par des double-fonds. Quant à l'encaissement général du meuble, il ne diffère point de celui du secrétaire, *fig.* 1 et 2, *pl.* 67 la *fig.* 2, de la *pl.* 68, fait voir que le chiffonnier peut également être orné d'une double plinthe par le bas et être fait à coins ronds.

La *psyché*, *fig.* 3, sera plus simple dans sa construction, mais exigera plus de soins pour le placage. Le parquet de la glace se fait comme à l'ordinaire, on le recouvre par derrière avec une étoffe plissée à tuyaux, ou avec un drap vert tendre, ou bien encore avec un placage. L'encadrement doit être fait en bon bois et être solidement assemblé. Cet encadrement doit entrer à pression facile dans un autre dans lequel il est arrêté au moyen de deux fortes goupilles en cuivre ou en fer entrant dans des trous pratiqués dans les montans de ce second encadrement. On doit mettre ces deux goupilles un peu au-dessus de la moitié de la hauteur afin d'assurer la position verticale de la glace qui sans cela pourrait pencher d'un côté ou de l'autre. On donne une forme agréable à ce châssis en faisant les montans en colonne ; en traverse du bas en socle, et en façonnant en entablement la traverse du haut. Quant aux quatre pieds qui supportent l'ensemble, on les fait courbes, saillant le plus possible en dehors pour donner de l'assiette, et l'on met dessous des roulettes ou galets. Ces pieds vus de face dans la *fig.* 3, sont vus de profil en *a a*, même *fig.* Assez ordinairement on recouvre l'entablement d'une espèce de chapeau *b* formant dos d'âne, afin que la poussière séjourne moins facilement sur le dessus. L'inspection de la planche devant suffire, nous ne donnerons pas de plus amples détails.

Boîte à miniature. Les *fig.* 4, 5, 6, 7, 8 et 9 représentent l'ensemble et les détails d'une de ces boîtes commodes qui servent aux peintres de miniatures, et de pupitre pour placer leur ouvrage, et de coffrets pour serrer les palettes, les couleurs, les pinceaux, les crayons, le grattoir, les ivoires, etc., etc. Ces boîtes, ingénieusement construites, sont ordinairement recouvertes d'un placage de bois indigène ; elles doivent être faites avec beaucoup de précision, et les bois

dout elles sont composées doivent être
résistans et légers.

Nous ne saurions donner de mesures
relativement à leur largeur, hauteur et
longueur, elles dépendent de l'usage auquel on destine la boîte et de la grandeur qu'on veut lui donner; ce point
doit peu nous intéresser, nous ne devons faire attention qu'à la manière de
la construire; la *fig.* 4 la représente vue
par-devant le pupitre ouvert et un dessin posé dessus; la *fig.* 5 la représente
vue de profil, le pupitre également ouvert.

Commençons par donner l'explica-
tion de la *fig.* 4: *a* est un tiroir entrant
dans la partie inférieure de la boîte, à
frottement senti et remplissant exactement toute la capacité. Ce tiroir est divisé en compartimens légers, offrant
des cases pour la boîte à couleurs, pour
les pinceaux, les entes, etc. Si ce tiroir
s'ouvre trop facilement, on le retient
fermé au moyen d'une serrure, d'un
secret à bouton, d'un petit verrou à bascule ou par tout autre moyen; *bb* est le
pupitre. Il est composé de trois parties,
d'abord celle du milieu couvrant exactement la boîte; puis celles des côtés,

égales en longueur à la partie du milieu,
mais de moitié moins larges, assemblées
avec la partie du milieu au moyen de
charnières noyées, se rabattant par-
dessus et fermant si exactement l'une
contre l'autre qu'elles ne puissent être
déployées sans un certain effort. Lorsqu'on ne peut parvenir à ce degré de
précision, on met sur le champ de ces
parties deux petits pitons en cuivre ou en
acier poli dans lesquels entrent des crochets de même métal posés sur le champ
de la partie du milieu et par-devant,
ainsi qu'on peut le voir en *cc*, *fig.* 6,
représentant la boîte également vue par-
devant, mais le pupitre baissé et les
parties latérales rabattues et fermées.
Lorsque la boîte est bien exécutée les
crochets sont inutiles, le frottement des
deux parties suffit pour les tenir fermées.

Ce pupitre *b*, *fig.* 4, est recouvert en
dedans d'une serge verte affleurant avec
le placage ; nous avons fait cet encadrement de placage plus large qu'il ne doit
l'être afin de le rendre plus sensible dans
le dessin ; mais dans l'exécution le drap
ou la serge doit couvrir presque entière-

ment l'intérieur du pupitre ; c'est sur cette étoffe, qu'à l'aide de plusieurs épingles, on fixe l'ivoire ou le papier sur lequel on peint, ainsi qu'on peut le voir dans la *fig.* 4, où nous avons représenté un paysage esquissé. Comme on ne peut piquer dans l'ivoire, on le fait tenir en piquant les épingles à côté et en les rabattant dessus. Le pupitre *b* porte sur son champ, par derrière, un petit piton *d*, *fig.* 5, dans lequel s'engage un petit crochet placé derrière la boîte et destiné à le tenir fermé. Avant de rabattre les deux côtés latéraux du pupitre, il faut avoir soin de mettre un papier fin sur le dessin ou la peinture, afin qu'il ne soit point gâté par le frottement de l'étoffe qui garnit l'intérieur du pupitre. Ce pupitre tient après la boîte au moyen de deux petites charnières en cuivre *e e*, noyées dans des encastrures sur le devant.

Il ne nous reste plus maintenant qu'à dire comment le pupitre se tient au degré d'inclinaison voulu. La *fig.* 8 représente la partie du milieu vue par-dessous, elle est composée d'un châssis et d'un panneau très-mince ; on entaille le châssis à mi-bois de manière à pouvoir placer dans l'entaille le châssis *x*, vu à part, *fig.* 9, qui est retenu par les deux tourillons en cuivre ou en fer *a a*, même *fig.* 9 : de la même manière que le châssis de support employé dans la table à la Tronchin, *fig.* E, *pl.* 60, comme lui le châssis dont nous parlons, est taillé en biseau par le bas afin que sa partie inférieure puisse s'engager dans les dents de deux crémaillères pratiquées dans les traverses du contre-fond de la boîte, représenté à part, *fig.* 7. Ce contre-fond est, ainsi qu'on le voit dans cette *fig.* 7, formé de quatre traverses et d'un panneau.

Cette boîte est d'une exécution assez difficile ; mais c'est un joli meuble pour un peintre, et le plaisir qu'elle procure à un **amateur** le dédommage des peines que lui a données sa fabrication.

Le pupitre du musicien à tellement varié dans sa forme, que nous n'entreprendrons pas de le suivre dans tous ses changemens. On en a fait de portatifs qui, en se ployant, peuvent être mis dans la poche. Nous en avons fait connaître un de cette espèce dans l'*art du tourneur*

publié en 1824 ; on en a fait qui peuvent
se poser sur des tables, se suspendre
contre les murs ; chaque amateur a
exercé son imagination sur ce genre de
composition, et longtems encore probablement on inventera des formes
nouvelles ; la Société d'encouragement
pour l'industrie nationale, vient tout
récemment de donner son approba-
tion à un *volti-presto* ingénieux, destiné a être adapté à un pupitre. L'explication de toutes ces inventions nous
entraînerait fort loin hors de notre
cadre. Nous devons parler de ce meuble,
mais nous nous contentons de figurer sa
forme la plus connue parce que c'est
d'elle qu'on est parti pour faire les changemens qu'on a successivement opérés,
et que cette forme primitive réunit d'ailleurs, à notre avis, toutes les perfec-
tions. Puisqu'en tournant facilement
sur lui-même, se haussant et se baissant
à volonté, et pouvant servir isolément
et sans le concours d'aucuns moyens de
support comme tables, chaises, etc.
le pupitre, fait de cette manière, offre
réunis les avantages que les autres n'offrent que partiellement.

La *fig.* 10 de la *pl.* 68, représente un

pupitre vu de profil. Ce pupitre a deux faces, c'est-à-dire qu'il est possible de lui faire supporter deux cahiers de musique et que deux personnes pourront s'en servir en même tems. On en voit de plus compliqués qui présentent quatre faces, mais alors le couronnement éprouve une variation et se compose d'un châssis carré, rempli par un croisillon à l'embranchement duquel se trouve la crapaudine dans laquelle entre le tourillon sur lequel le pupitre a son mouvement de virement. La tête du pupitre, *fig.* 10, se fait de diverses manières ; le plus souvent elle est d'assemblage fixe, quelquefois aussi elle se brise et donne la facilité de n'ouvrir qu'un des côtés, lorsqu'il est nécessaire de placer le pupitre dans un lieu où l'étendue de sa tête pourrait gêner. Cette tête est parfois composée de planches pleines encadrées ou non, mais le plus souvent, ainsi que nous l'avons représentée, *fig.* 12, on la fait avec des traverses assemblées. C'est sur la partie supérieure que l'on place quelquefois les chandeliers qui doivent éclairer le musicien, mais le plus souvent ces chandeliers se posent sur des bras brisés en bois ou cuivre argenté, qui se replient sur eux-mêmes lorsqu'on cesse d'avoir besoin d'eux; la *fig.* 13, en représente un fragment, on les fixe après les traverses *a a*, afin qu'ils puissent suivre le pupitre dans ses mouvemens d'ascension et de rotation.

Ces deux mouvemens de la tête du pupitre s'obtiennent au moyen de la disposition particulière donnée à la tige mobile *b*, représentée à part, *fig.* 11 et 14, arrondie par le haut *b*, *fig.* 11, elle se termine par une pointe qui entre dans une crapaudine, placée au centre de la traverse de sommet du pupitre; par le bas, elle forme une embase sur laquelle appuie la traverse *a a* qui est percée dans son milieu d'un trou destiné à lui donner le passage et se trouvant situé à l'aplomb de la crapaudine dans laquelle est engagé le pivot *b*; on met au point *c*, *fig.* 11, une cheville qui retient le pupitre et l'empêche de quitter le pivot. La tige mobile est entaillée par-devant et plus bas en crémaillère, ainsi que le représente la *fig.* 14.

Cette tige mobile tient contre la tige fixe *c*, au moyen de deux colliers : l'un marqué *d*, tient après la tige mobile, fait corps avec elle, monte et descend suivant ses mouvemens ; l'autre, placé au-dessus et marqué *e* sur la figure, tient après la tige fixe *c*. Il est plus large que celui du bas et fait tablette ; on le fait octogone et et on cloue ou l'on colle sur ces champs des planchettes qui forment rebord. Cette tablette sert à déposer la colophane ou autres objets à l'usage du musicien. Les trous carrés percés dans ces deux colliers, *d* et *e*, pour donner passage aux tiges, doivent être exactement de calibre, afin qu'il ne s'y fasse que peu ou point de ballottement.

Le troisième collier *f* représenté à part, *fig*. 15, sert à tenir le pupitre à l'élévation voulue : il tient après la tige fixe au moyen de la goupille en fer *ii*, indiquée par un point dans le profil *f*, *fig*. 10, et joue librement sur cette tige. A la partie intérieure de ce collier, du côté de la tige mobile, se trouve une dent *j*, *fig*. 15, qui, en entrant dans les entailles de la crémaillère de la tige mobile, la soutient soulevée. Lorsque la crémaillère est taillée sur toute la largeur de la tige, on remplace la dent *j*, par un chanfrein, comme dans la *fig*. 16, où nous l'avons ombré pour le faire sentir.

Quant au pied, c'est un trépied ordinaire qui n'offre rien de particulier et auquel on peut donner la forme qui plaira davantage.

Le chevalet des peintres doit également fixer notre attention; on le fait de plusieurs manières. La plus simple et celle que j'ai le plus souvent pratiquée, et que pratiqueront, sans doute comme moi, les amateurs qui seront pressés de jouir, consiste à composer tout simplement le chevalet de trois tringles de chêne, larges de 3o lignes environ, assemblées entre elles de manière à former un grand triangle isocèle; on réunit par le haut les deux grands côtés au moyen d'un talon de bois dans lequel elles s'assemblent et sur lequel est clouée la charnière qui tient une quatrième traverse de la hauteur des deux grandes, et qui, en s'ouvrant et se reportant en arrière, forme le troisième pied du chevalet. On perce les deux règles de devant d'espace en espace, et on ajuste dans les trous des chevilles arrondies sur lesquelles on pose à plat en travers une autre règle, sur laquelle on met le tableau. Mais cette manière très-simple ne saurait suffire aux ouvriers auxquels on pourra commander un chevalet plus solide, plus compliqué et plus élégant. Nous avons dessiné d'après un bon modèle celui que nous offrons, *fig.* 17, *pl.* 68, et dont les *fig.* 18, 19, 20, 21, 22, 23 offrent les détails.

Les trois règles *h h h* sont assemblées entre elles, par le bas, à tenons et mortaises chevillés; par le haut elles sont assemblées également à tenons et mortaises avec les deux traverses *f g* représentées à part, *fig.* 18 et 21 vues sur leur champ. Ces trois règles sont encore consolidées par une quatrième qui ne peut être vue dans la *fig.* 17, parce qu'elle est placée derrière la traverse *a*; elle s'assemble par le bas au milieu de la traverse inférieure *h*, et par le haut au milieu de la traverse *g*, cette traverse se voit en *d* dans les *fig.* 19 et 20.

La barre *a*, vue plus en grand et en partie, *fig.* 21, est parfaitement dressée du côté par lequel elle s'applique sur la tringle *d*; en dessus, elle forme queue, au moyen de deux chanfreins parfaitement dressés, et qui font que la coupe de cette barre forme un trapèze, qu'on peut voir d'ailleurs dans l'échancrure de la boîte c, vue à part, *fig.* 22. Cette barre *a* tient par le bas au moyen d'un assemblage à la boîte *c*, et à la tablette *b* et se meut avec elles. Par le haut elle est maintenue par les traverses *g*, *f* taillées à queue, dans l'entaille desquelles elle glisse sans ballotter. Son mouvement d'ascension, ainsi que celui de la tablette *b*, et de la boîte *c* qui tiennent après cette barre, ne sont par conséquent empêchées par aucun obstacle, et il est déterminé par un ressort et un pène placé dans la boîte *c*. Le pène s'engage dans une crémaillère pratiquée sur le devant de la barre *d*.

Cette barre est carrée et de la largeur de la barre antérieure *a*; elle est, ainsi que nous l'avons dit, assemblée avec la traverse inférieure *h* et celle *g*. La *fig.* 23 en représente une portion vue par-devant; enfin, derrière cette barre s'en trouve une autre *e*, de même longueur, qui tient par le haut au moyen d'une charnière *i*, *fig.* 18 et 19, à la traverse *g*, et qui, au moyen de cette brisure, forme l'arc-boutant ou troisième pied sur lequel repose le chevalet.

La boîte *c* vue de profil, *fig.* 20 et en plan, *fig.* 22, est un fort collier de bois glissant sur la barre carrée *d* et assem-

blée avec la barre antérieure *a* et la tablette *b*. On met sur le devant une vis
de pression *j*, et dans ce cas on ne fait
pas de crémaillère, sur le devant de la
barre *d*, ou bien plutôt on enferme dedans, ainsi que nous venons de le dire ;
un ressort poussant un petit verrou dans
les dents de la crémaillère, pour soutenir
la tablette et le tableau qu'elle supporte,
au point d'élévation voulu ; un bouton placé en-dessous, *k*, sert à donner
au verrou l'impulsion nécessaire.

Terminons ici la menuiserie en meubles, nous avons sans doute laissé
beaucoup de choses sans explication ;
mais nous nous flattons d'avoir toutefois
exposé les principales et les plus essen-
tielles à connaître.

CHAPITRE II.

—

ÉBÉNISTERIE.

—

Nous abordons cette partie intéressante de notre ouvrage, après avoir déjà laissé derrière nous tout ce qui pourrait retarder notre marche : la nomenclature des bois, les recettes des divers vernis, la teinture des bois, le poli, (dont il ne nous restera que peu de choses à dire), les outils en général : tous ces accessoires indispensables ont été compris dans la première partie. Nous avons enfin laissé derrière nous la nomenclature et la description des meubles qui occupent une place si considérable dans les traités d'ébénisterie, et qui ont dû être comprises dans le chapitre précédent, parce que le menuisier en meubles peut fabriquer tous les divers objets qui y sont mentionnés en bois ou dinaire et massif. Il ne nous reste plus qu'à traiter la partie technique et spéciale de l'ébénisterie.

La ligne de démarcation qui sépare le menuisier en meubles de l'ouvrier auquel on donne le nom d'ébéniste, est difficile à déterminer, et toute la différence qui existe entre eux, réside, à notre avis, en ce que ce dernier, non content de la couleur et de l'aspect naturels que lui offrent les bois qu'il emploie, leur substitue une couleur et un veinage étrangers, au moyen du placage qu'il symétrise avec goût, et auquel il donne un poli plus achevé. L'application des vernis clairs et transparens distingue également l'ébéniste du menuisier en meubles, qui se contente de recouvrir son ouvrage de cire étendue ; mais ces différences, légères en apparence, entraînent cependant à beaucoup de travail, et changent en quelque sorte toute la manière de faire, nécessitent de nombreux appareils et des variations notables dans les outils. Nous serons donc obligés de reprendre quelques-unes des matières que nous n'avons traitées que sous un point de vue général, pour les considérer spécialement dans leur rapport avec l'ébénisterie.

PARAGRAPHE PREMIER.

Outils propres à l'Ebénisterie.

SCIES A PLACAGE. — Nous avons dit quels sont les bois de placage ; nous devons dire maintenant comment le bois se débite en feuilles. Il existe à Paris des scieries où l'on tire jusqu'à 28 et 3o feuilles d'une planche d'un pouce d'épaisseur ; j'ai vu de ce placage régulièrement débité. épais comme un papier carte, et qui se découpait facilement en tous sens avec des ciseaux de femme ; c'était comme une belle peinture étendue sur le bois ; mais ces produits désirables ne peuvent s'obtenir que par le mouvement régulier de la mécanique, et nous ne pouvons mieux faire que d'indiquer à nos lecteurs les belles scieries de M. Cochot, mécanicien habile, à qui les arts industriels sont redevables d'une foule de précieuses découvertes qui germent encore inconnues, mais qui, plus tard, porteront des fruits utiles, et attireront sur leur modeste auteur la reconnaissance des ouvriers et des amis des arts (1). Cet artiste recommandable a eu la bonté de nous faire voir en détail ses ateliers, de nous expliquer leur mode d'action dans de longues conférences, et de nous offrir tous les renseignemens nécessaires ; mais malheureusement les proportions de ces scieries dépassent les limites de notre cadre. Si nous sortions de la boutique, de l'atelier, pour entrer dans la manufacture, le champ qui s'ouvrirait devant nous serait trop vaste pour être facilement exploité. Nous passerons donc sous le silence les scieries en grand, nous réservant de traiter quelque jour à part cet objet important. Nous devons nous contenter de dire maintenant pour les ouvriers habitant les petites villes et éloignés des grandes scieries, comment on peut accélérer le débit du placage. Cette démonstration leur sera utile lorsqu'ils voudront, dans leur endroit, plaquer

---

(1) M. Cochot demeure rue du Fauxbourg-Saint-Antoine, n° 133. Ses scieries sont situées rue Saint-Nicolas. Une machine construite en fonte douce pour scier du bois de 20 pouces, et donnant de 24 à 25 pieds de course par heure, coûte 2,800 francs.

des meubles avec les loupes d'orme, de frêne, d'érable, d'aune et d'autres bois qu'ils ont sous la main. Lorque le mauvais goût de la pratique les contraindra à employer l'acajou, ils feront toujours bien de l'acheter en feuilles, et de ne jamais perdre leur tems à le débiter eux-mêmes. Il suffit d'écrire aux directeurs des grands établissemens, ils font parvenir le placage roulé à telle distance que ce soit.

Dans les petits endroits, l'ébéniste refend lui-même son placage avec une scie à lame très-large, il se fait aider par un ouvrier, et par cette manière un peu lente à la vérité, il obtient des feuilles d'une ligne, plus ou moins, d'épaisseur, suivant qu'il est plus ou moins adroit, suivant aussi que sa scie est plus ou moins bonne; c'est ce qu'on nomme *refendre à la presse.* Cette méthode de débiter suffit assez ordinairement à ses besoins lorsqu'il n'est pas très-occupé ; cependant elle le force à tenir toujours trop élevé le prix de ses meubles plaqués. Dans les villes du second ordre, si la commande est active, si l'ouvrier trouve des débouchés pour ses produits, cette manière lente ne peut plus lui suffire, et alors il arrive le plus souvent qu'un des ébénistes de l'endroit se consacre plus spécialement au débitage ; il compose alors une de ces petites scieries manuelles dont il convient de nous occuper plus particulièrement, parce que ce sont bien ces moyens de faire qui entrent dans notre cadre, comme pouvant être d'une utilité plus générale.

Nous avons donc vu plusieurs de ces scieries ; quelques-unes rendaient un service assez satisfaisant, et donnaient 14, 16, et même 18 feuilles au pouce. Les unes étaient compliquées, les autres plus simples ; mais trouvant quelquefois dans la méthode que nous voulions écarter, des avantages qui ne se rencontraient plus dans celle qui nous paraissait devoir obtenir la préférence, le choix a été difficile.

Notre intention était d'établir, pour notre usage et en petit, une scie mécanique, dans la composition de laquelle nous aurions cherché à faire entrer ce que nous avions remarqué de bon dans les diverses méthodes ; le tems nous a manqué. Nous invitons les amateurs que leurs loisirs et leur situation éloignée de la vie agitée et laborieuse qu'on mène dans la capitale mettent à même de méditer, qui ont d'ailleurs de plus grands emplacemens, et qui ne cherchent pas à embrasser toutes les ramifications des arts utiles, à diriger leur attention de ce côté. Les grandes scieries ont fait des progrès rapides ; il ne reste que peu de chose à découvrir, relativement à ce qui les regarde, peut-être même ont-elles atteint la perfection. Il n'en est pas ainsi de la scierie manuelle, le champ des découvertes est encore tout entier à retourner ; c'est vers lui que les amateurs qui veulent se rendre utiles doivent diriger leurs efforts en pensant que les moteurs, l'eau, les chevaux, la vapeur, ne sont pas à la portée de tout le monde.

Quelque séduisant que soit l'attrait qui nous entraîne vers les scies circulaires, nous ne pensons pas, du moins jusqu'à présent, que leur emploi puisse jamais être bien profitable pour le débitage *manuel* du placage ; il y a d'ailleurs dans l'instant où nous traçons ces lignes, un tems mort, un moment d'incertitude dans le mouvement de progression de leur application. Des prétentions diverses s'élèvent de plusieurs points : les uns soutiennent que, dans certains cas, et dans les limites de tel diamètre, elles ne doivent avoir qu'une seule dent, les autres en veulent trois, les autres davantage ; bon nombre d'amateurs ne veulent plus de lames ; mais des bédanes isolés, placés sur un mandrin de fer, trempés très-dur, et susceptibles d'être démontés pour être affûtés sur la pierre; d'autres enfin tiennent pour la scie telle qu'elle existe avec une denture fine et pressée; la question flotte irrésolue, mais, dans peu, l'expérience aura tranché la difficulté, et la lumière, dans cette partie comme dans toutes les autres, jaillira infailliblement du choc des opinions. Nous sommes aux aguets de tout ce qui se fait et dit sur cette matière ; nous ferons nous-mêmes de nombreux essais. Cependant, nous le répétons, rien n'est encore démontré. Nous aurions, sans cette considération, parlé à nos lecteurs de la scie circulaire à pédale importée par M. de Pontejos, employée chez quelques ébénistes et pianistes, et particulièrement dans les ateliers du célèbre facteur Pape ; mais ne voulant rien avancer de hasardé, nous attendrons, pour traiter à fond cette matière, que nous puissions réaliser le projet que nous avons formé de publier quelque chose de spécial sur cet objet intéressant. La scie circulaire, si précieuse pour la refente des planches, n'agit plus d'ailleurs aussi puissamment sur le madrier, lorsqu'un quart de sa circonférence se trouve engagé : La dépense des forces du môteur n'est plus en proportion avec l'effet obtenu ; cette dépense est incontestablement trop forte, et il n'y a plus alors d'avantage à s'en servir : ce n'est donc point vers ces scies que nous appelons l'attention des amateurs qui voudront perfectionner le sciage manuel du placage. Nous appuyons sur ce mot manuel parce que, dans la scierie en grand, l'expérience a prouvé que la scie circulaire produit d'excellens effets. Nous dirigerons donc nos vues vers la scie droite.

Nous venons de dire qu'on débite le placage à la presse, c'est l'enfance de l'art ; mais nous ne pouvons nous dispenser de parler de cette manière de faire, avant de passer à des moyens plus compliqués.

La presse se compose de deux jumelles A A, *fig.* 1re, *pl.* 69, supportées par des pieds inclinés, B B, assemblés dans des patins massifs, C C, unis entre eux par des barres en bois carrées, D D, glissant à pression sentie dans des trous carrés de calibre pratiqués dans les patins et donnant la facilité d'ouvrir plus ou moins, suivant l'épaisseur des bois à débiter ; les jumelles sont en outre unies entre elles par deux fortes vis en bois, E E, à l'aide desquelles on presse la pièce de bois F qu'il s'agit de réduire en placage. C'est avec une scie à refendre ordinaire, mais dont la lame est bien tendue et exactement dressée, mue par deux hommes, qu'on scie le placage sur le tracé qu'on fait d'avance avec un trusquin. Les scieurs à la presse habitués à ce genre de travail vont encore assez vite, mais leur placage n'est pas parfaitement régulier. La *fig.* 1re fera de suite comprendre comment se construit cette presse qu'on a soin de placer au-dessus d'un endroit creux si le bois à débiter a de la longueur. A mesure que la scie avance, on desserre les vis et on relève le madrier pour le tenir à hauteur. Avec de l'attention et des lames minces, bien dressées et bien limées, on parvient encore à faire d'assez bonne besogne par ce moyen, si simple, qu'il est inutile d'en parler plus longuement.

La seconde manière est encore bien simple, si l'on la compare aux scieries perfectionnées de M. Cochot, mais offre cependant plus de complication que la presse dont nous venons de parler; elle est aussi plus avantageuse en ce sens seulement, que ses produits sont plus réguliers, car elle n'avance pas davantage, la scie étant dans l'un comme dans l'autre cas mue à force de bras par deux hommes. Soient A A, *fig. 2, pl. id.*, deux jumelles longues de six pieds environ, séparées l'une de l'autre de vingt pouces environ, selon la plus grande largeur des bois qu'on est appelé à scier, assemblées par les bouts par des traverses, que nous avons figurées par les lignes ponctuées *a a*, afin de laisser voir la pièce de bois à débiter B. Ces jumelles seront supportées par quatre pieds C C, assemblés dans les patins D, consolidés en dehors par les arcs-boutans E et en dedans par les traverses F. Toutes les pièces de cette partie immobile doivent être solidement assemblées.

La partie mobile se compose : 1° d'un parquet horizontal *b*, vu en bout dans la fig. 2 , composé de traverses mises sur champ et à claire-voie, c'est sur lui qu'on colle la pièce à débiter B *a a*; 2° de quatre écharpes *c c* en bois de 15 lignes environ d'épaisseur, portant, ainsi que la dernière traverse du parquet *b*, une languette d'environ 9 lignes sur leurs champs verticaux. Ces languettes entrant dans des rainures pratiquées dans les pieds C et dans les jumelles A A , et marquées par les lignes ponctuées *d d*, forment coulisse et donnent à cette partie sa mobilité ; 3° Cette mobilité est réglée par la vis *e*, par l'écrou *f* et en outre par le grand plateau *g* divisé sur sa tranche ; un taquet *h*, faisant ressort, entre dans les divisions du plateau qui, tournant avec la vis , sert à déterminer fixement la marche de toute la partie mobile. En effet, en supposant que la vis avance de 3 lignes à chaque tour, la partie mobile , et par conséquent le bois *a a* B, qu'elle supporte, montera de 3 lignes à chaque tour du plateau; ils monteront d'une ligne par chaque tiers de tour; d'une demi - ligne, par sixième; d'un quart de ligne par douzième, etc. On fera donc saillir à volonté le bois à débiter au-dessus du niveau des jumelles d'une quantité voulue, et toujours égale, suivant qu'on fera tourner le plateau. Un autre appareil semblable, placé à l'autre extrémité de l'établi, servira concurremment avec celui-ci à produire l'effet désiré.

Lorsqu'il s'agira de scier, deux hommes, en tirant la scie représentée *fig*. 3, la feront mouvoir sur les jumelles et ne pourront enlever que la partie du bois qui excédera. Il y a de ces scies dans lesquelles on ajoute un conducteur placé au-dessus du morceau de bois à débiter, dans le sens de sa longueur, et sur lequel frotte la traverse *a* du milieu de la monture de la scie, ce qui l'empêche de pouvoir jamais incliner, et tend à conserver la parfaite horizontalité des jumelles, qui peut être détruite par les frottemens réitérés de la lame : ce conducteur est indiqué par des lignes ponctuées *d*. Dans quelques-unes des scieries à la main, la scie n'est pas présentée de la même manière. Dans la *fig*. 3, la lame *b*, tendue par la tringle *c* est tournée de côté ; d'autres fois elle est droite, et alors la monture se présente couchée sur l'établi et est disposée suivant que l'indique la *fig*. 4 ; c'est alors la traverse du milieu qui sert de conducteur en posant sur le dessus dressé de la pièce à débiter. A mesure que la feuille se détache, elle est soulevée par un coin en bois placé sur le dessus de la lame. La *fig.* 5 fera comprendre comment cet écartement se pratique. Mais il faut faire attention, dans cette construction, que la lame ne peut être sur la même ligne que le milieu de la traverse *a*, et qn'au contraire elle doit être placée un peu au-dessous, de l'épaisseur du placage. Lorsqu'on fait les bras de la scie très-courts, la traverse du milieu peut servir de coin pour relever la feuille. Dans cette seconde manière de présenter la scie, on se dispense de l'emploi d'un conducteur; le dessous de la traverse de la scie en tient lieu.

Nous trouvons dans le recueil que nous avons fait depuis long-tems des projets des artistes, un autre dessin que nous donnons à nos lecteurs avec d'autant plus d'assurance, qu'il paraît avoir fourni à M. Cochot l'une des idées fondamentales du mécanisme de ses belles scies. Ce dessin fera immanquablement naître des idées à ceux qui voudront méditer sur cette partie, et pourra hâter la découverte de quelque méthode moins compliquée. M. Charpentier, ingénieur mécanicien est auteur de cette méthode.

Soient *a a a*, *fig.* 6, même *pl.* 69, un bàtis en charpente ; *b* un arbre coudé ; *c* un volant en fonte de fer ; *d d* des courbos à bascules avec des contre-poids *d' d'* ; *e e* bièles rompues en *e' e'* pouvant s'allonger ou se raccourcir ; *f*, lame de scie ; *g* bandes de fer minces et flexibles devant remplacer un engrenage, attachées d'une part aux courbes *d d* et de l'autre aux montans de la scie ; *h* charriot ; *i* pièce de bois à débiter ; *j* sergens servant à l'assujettir ; *k* crémaillère tenant au chariot ; *l* levier du taquet ; *m* rochet ; *n* bièle correspondant au levier du taquet ; *o* contre-taquet de maintenue ; *p* roulettes sur chappes mobiles, servant à rendre moins durs les frottemens du chariot. Entrons dans quelques détails sur chacune des pièces principales dont se compose cette scie, ils serviront à en faire comprendre le mécanisme à ceux qui n'ont aucune idée de ces matières.

Les dimensions de cette machine sont

variables : nous ne saurions les déterminer ; elles dépendront de la grandeur
des pièces que l'ouvrier doit débiter. Le
bâtis *a a a* doit être construit solidement
en bois pesant. L'arbre coudé *b* est rond
à ses deux extrémités, et tourne dans des
coussinets en cuivre serrés par des vis
de pression ; il est rond encore aux endroits où il reçoit les bielles *e e*. En dehors du châssis il reçoit d'un côté une
manivelle et de l'autre un volant.

Ce volant *c* pourra être fait en bois,
lorsqu'on ne sera pas à proximité d'une
fonderie ; mais alors il faudra charger les
jantes afin de lui donner de la force ;
cependant un volant en fonte douce doit
être préféré quand il y a moyen d'en
avoir un.

Les bielles *e e* sont chargées de trans-
mettre le mouvement de l'arbre aux
bascules ; elles se composent chacune de
trois parties ; 1° la partie qui tient aux
bascules, au moyen d'un boulon sur lequel elles tournent ; 2° les deux parties
jumelles qui, par leur ouverture, permettent d'embrasser dans un double
coussinet en cuivre, la partie ronde de
l'arbre coudé ; une vis passée en travers
opère la pression de ces coussinets ;

la figure étant trop petite, nous n'avons pu indiquer ces détails.

Les bascules dd doivent être faites très-légères, et l'on peut charger leurs contre-poids, afin de les mettre autant que possible en équilibre. Ces bascules tiennent après la scie au moyen des bandes flexibles, en fer battu à froid ou en acier. Ces bandes, attachées d'un bout aux courbes et de l'autre à la scie, transmettent à cette dernière le mouvement des bascules.

La lame f tendue par les moyens que nous avons indiqués, en parlant des scies en général, dans la première partie de cet ouvrage, doit être très-bien laminée; on doit veiller à ce qu'elle ne soit nullement voilée sur sa largeur, et la redresser entre un tas et un marteau, si la chaleur produite par le frottement ou une tension inégale l'avait bombée d'un côté ou d'un autre. Quant à la denture, elle variera suivant les bois; mais afin qu'il n'y ait point d'engorgement, on laissera un espace entre chaque dent. On alternera en limant afin de rejeter la bavure d'un côté et de l'autre; cette bavure sert parfois, dans les scies bien laminées, à donner le passage sans qu'il soit besoin de donner de la voie. La lame ne doit toucher à la matière que par le tranchant des dents, et l'on ne doit la graisser que rarement avec une goutte d'huile. Une scie qui fonctionne bien ne s'échauffe pas. Les bons limeurs n'emploient plus de tiers-points taillés en croisé; mais seulement taillés en écouenne sur un seul sens.

Le chariot h glisse sur des couteaux en acier placés sur les traverses supérieures du châssis $a\,a\,a$; au-dessous de ce chariot est fixé un cric ou crémaillère k qui se prolonge dans toute sa longueur; on pratique sur les traverses longitudinales de ce chariot des trous par lesquels passent les sergens à l'aide desquels on fixe la pièce à débiter; mais plus communément aujourd'hui on colle cette pièce sur ces traverses. Le tout est guidé par les roulettes p qui s'éloignent ou se rapprochent à volonté.

La crémaillère du chariot engrène sur un pignon placé sur l'arbre de la roue à rochet m. Cet arbre tourne entre deux pointes r fixées dans les montans du bâtis $a\,a\,a$.

La roue à rochet est mise en mouvement par le taquet s qui engrène dans ses dents. Pour plus de sûreté, on fait ce aquet fen du par le bout et enfourchant la roue. Le taquet de maintenue o doit être poussé par un ressort.

La marche de cette machine est facile à comprendre; lorsqu'on tourne la manivelle située sur le côté du bâtis opposé au volant. On met en mouvement l'arbre coudé, qui communique aux bièles ee le va et vient, ces bielles le communiquent aux bascules qui le transmettent à la scie. En même tems que cet effet a lieu, il s'en produit un autre sur la roue à rochet; la bielle fixée à la partie postérieure des bascules du bas obéit à leur impulsion; lorsque la scie est descendue, ces bascules en remontant soulèvent, au moyen de la bielle, le levier l qui, en appuyant sur le taquet s, le fait peser sur la dent de la roue à rochet m, et la force à descendre. Ce mouvement de la roue m est transmis au pignon qui se trouve sur son arbre, et par suite à la crémaillère k qui attire le chariot et la pièce à débiter qu'il supporte. Le taquet de maintenue o s'oppose au recul du bois lorsque la scie l'attaque. Cette scie, mue par les bascules, est appuyée par devant contre les supports zz sur lesquels elle glisse facilement. Lorsque les bois sont tendres et que la scie mord avec âpreté, on dispose le levier du taquet, ou simplement la bielle qui lui transmet le mouvement des bascules, de manière que ce taquet pousse la roue à rochet de deux dents à chaque coup de scie : par ce moyen, le bois avance d'autant plus vite qu'il est promptement divisé ; cet effet dépend du plus ou moins de raccourcissement de cette bielle ou de ce levier.

Telles sont les scies à main dont nous offrons les modèles ; nous le répétons, elles ne satisferont pas absolument nos lecteurs, mais nous espérons qu'elles les mettront sur la voie des perfectionnemens. Nous donnons sur la même planche, *fig.* 7, le dessin d'une scie à plusieurs lames, employée pour débiter les panneaux de 3 à 4 lignes ; peut-être sera-t-il possible de l'appliquer au placage. On l'a vainement tenté jusqu'à ce jour ; mais croyons qu'il est réservé à quelque amateur d'en faire un heureux emploi. Un mécanicien de Paris a prétendu devant nous que l'impossibilité de débiter plusieurs feuilles de placage à la fois ne lui était pas démontrée, et

nous a dit qu'il espérait, avant peu, prouver, par des faits sans réplique qu'on
pouvait atteindre à ce degré de perfection. Nous lui souhaitons réussite, et
nous nous empresserons de communi-
quer au public le résultat de ses travaux. En attendant, donnons quelques
détails sur la scie à plusieurs lames
qui, jusqu'à présent, n'a pu être employée avec avantage que pour la refente du bois de 3 lignes au moins.

Les cinq lames qui composent la scie,
fig. 7, doivent avoir 3o pouces ou 3
pieds environ de longueur sur 4 pouces
au moins de largeur : ces dimensions
sont d'ailleurs déterminées , par la
plus grande largeur des bois à débiter, la scie devant toujours être d'une fois
plus quelque chose plus longue que la
largeur de la pièce, afin qu'elle débourre
bien , et que la sciure ne puisse s'amas-
ser entre les dents. Ces lames, parfaitement laminées, doivent avoir une trempe
assez dure et bien égale dans toute leur
étendue. Elles se placent les unes à côté
des autres, enfilées par l'œil dans un même boulon ; leur écartement est déterminé par des planchettes en bois dur,
égales en épaisseur à l'épaisseur qu'on

veut obtenir pour le panneau ; la *fig.* 8, représente une de ces planchettes vue à part sur une plus grande échelle. Ces planchettes seront bien dressées, percées d'un trou de calibre avec l'œil de la scie, pour livrer passage au boulon qui les réunit.

Ce boulon, dont la tête est carrée, est fileté par son extrémité opposée et reçoit un écrou à oreilles avec lequel on presse ensemble les lames et les planchettes de séparation.

La *fig.* 7 représente cette scie assemblée ; les deux bras AA présentent leur champ qui peut avoir un pouce ; les *fig.* 9 et 10 du détail présentent un de ces bras, partie du haut et partie du bas, vu de profil. Les traverses du haut et du bas, B et C, présentent leur champ au tirage ; ces traverses ne sont point assemblées avec les bras, elles entrent seulement dans un enfourchement pratiqué sur chacune des extrémités des bras, ainsi qu'on peut le voir *fig.* 9 et 10, et elles y sont temporairement fixées par des goupilles en fer qui se retirent à volonté. Ce mode d'assemblage mobile a pour but de donner la facilité d'écarter à volonté les bras de la scie, selon la largeur des pièces qu'il s'agit de refendre, on met alors les goupilles dans les trous marqués par des points sur les traverses B C, *fig.* 7.

Le moyen employé pour tendre les scies à refendre ordinaires, ne serait peut-être pas suffisant pour donner à ces lames parallèles le degré de tension qu'il convient de leur assurer, on doit donc recourir à un autre moyen.

On fera, avec des planches de cuivre épaisses de 1 ligne et demie ou deux lignes, ou simplement avec de la tôle forte, des collets *a a a fig.* 11 de neuf pouces environ de longueur, sur trois ou quatre de largeur, percés dans leur partie inférieure d'un trou calibré avec le boulon, dans lequel sont passées les lames de scie et les planchettes de séparation, et dans sa partie supérieure d'une échancrure carré-long d'une largeur telle, que la traverse supérieure B du fût de la scie y puisse entrer à pression exacte, et d'une longueur, à deux pouces près, plus grande que la hauteur de cette traverse, afin qu'il puisse y avoir un espace suffisant pour le tirage qui doit opérer la tension des lames.

Ces collets *aaa* que la *fig.* 12 fait voir sur leur profil et qui sont représentés vus sur champ et en place dans la *fig.* 11, dessinée sur une plus grande échelle, sont au nombre de deux lorsqu'il n'y a que deux ou trois lames à la scie; on en met trois, un au milieu, lorsque le nombre des lames est plus considérable; mais alors ce troisième collet doit avoir une épaisseur égale à celle des planchettes de séparation, afin qu'il en puisse tenir lieu.

On pose sur le champ supérieur de la traverse supérieure B, à l'aide de vis à tête fraisée, une bandelette de fer D, épaisse de deux lignes environ, sur laquelle appuient les vis de rappel dont il va être parlé. On peut se dispenser de faire tenir cette bande de fer avec des vis en pratiquant sur la traverse B une encastrure, ou bien en courbant en dessous les deux extrémités de la bandelette; on met alors les collets en place et l'on passe dans la partie supérieure de leur ouverture une autre bande de fer, E, moins longue que la première, mais plus épaisse de trois ou quatre lignes; percée, d'espace en espace, de trous taraudés dans lesquels passent les vis de rappel FF. En tournant ces vis qui buttent contre la bandelette D, la tension des lames s'opère à volonté. Les collets *b b b* qui s'enfilent dans la traverse inférieure C, diffèrent de ceux du haut en ce qu'ils ont moins de longueur, l'entaille carré-long étant seulement de la grandeur de la coupe de cette traverse C.

Les scies à plusieurs lames sont longues à affûter; mais lorsqu'il y a concordance entre les dents, on prend toutes les lames dans un étau et on les lime toutes à la fois.

Les autres outils et ustensiles dont l'application du placage nécessite l'emploi, sont: le marteau à plaquer les presses de diverses façons, le fer à chauffer; nous avons peu de chose à dire sur ce qui les concerne.

Le marteau à plaquer fig. 1, *pl.* 70; diffère des marteaux ordinaires en ce point seulement, que la panne en est très-large : les quarres en sont adoucies. Le marteau à panne arrondie, *fig.* 2, sert pour les parties creuses.

La presse que la *fig.* 3 fait voir de côté et en bout, doit être solidement construite; les traverses du haut et du bas sont assemblées avec les montans au moyen d'un double tenon. Dans les presses simples *fig.* 4,5,6,7,8, c'est aussi par un double tenon que se font les assemblages des coudes. La menuiserie mécanique enseigne les moyens de faire ces assemblages avec une célérité et une exactitude également étonnantes; mais nous ne pouvons indiquer ici ces moyens, leur explication sortirait de notre sujet. Assez souvent, pour prévenir l'écartement produit par la pression de la vis, on renforce la presse par une tringle de fer *a fig.* 4, la tête d'un côté et de l'autre un écrou serré contre le montant forment arrêt et augmentent de beaucoup la résistance des assemblages. Ces presses se font en bois de chêne ou en orme compacte; on doit veiller à ce que la vis soit toujours bien à l'aplomb, et avoir un grand assortiment de ces presses.

Le fer à chauffer n'a point de forme spéciale, assez souvent il ressemble aux fers qui servent aux tailleurs pour abatre les coutures; on en voit cependant quelques-uns faits d'après les modèles dessinés *fig.* 9, 10, 11, *pl. idem.* On se sert encore d'un autre fer à chauffer avec lequel on courbe le placage qui doit recouvrir les parties arrondies en creux ou en saillie; nous l'avons représenté *fig.* 12 et 13. Lorsqu'on veut courber une feuille de placage, on la mouille légèrement et on en fait entrer le bout ou le côté, suivant le sens dans lequel on veut opérer la courbure, dans la rainure *a*, puis en tournant le fer chaud, on opère le roulement de la feuille de placage.

En parlant des outils qui servent au collage, nous ne pourrions passer sous silence le tour à plaquer les colonnes dessiné *fig.* 14, non plus que la presse représentée *fig.* 15; mais devant revenir sur ces diverses machines en parlant de la manière de plaquer, nous nous contentons pour le moment de les indiquer.

Tels sont, en y joignant les sangles, les cordes, les rubans de fil, le pot à faire chauffer la colle au bain-marie dont nous avons parlé dans la première partie de notre ouvrage, tous les objets nécessaires pour le placage; on voit que les vis jouent un grand rôle dans ces différens appareils : et pour rendre notre ouvrage autant complet que possible en cette partie, nous allons enseigner à l'ébéniste comment il devra s'y prendre pour confectionner lui-même les vis et les écrous de ses presses. Tous les bons ouvriers que nous avons rencontrés se sont appliqués à surmonter les difficultés de cette fabrication, qui réside tout entière dans la construction des filières et des taraux. Nous sommes persuadés qu'il n'y aura pas un seul ouvrier qui ne nous sache gré de lui avoir enseigné la manière de faire cet outil important.

Filières.

La fabrication des filières n'est pas une chose aussi simple qu'on pourrait le croire; de nouvelles découvertes et un talent remarquable d'exécution dans cette partie, ont suffi pour faire la réputation et la fortune d'artistes distingués; et l'on voit souvent, dans des villes des départemens, ce genre d'industrie suffire à un ouvrier qui s'y est adonné et qui y réussit mieux que les autres. Les filières en bois ne servent pas seulement à faire des presses à coller le placage, elles servent à faire toutes sortes de vis, depuis celles de devant et de rappel de l'établi, jusqu'aux plus petites. On dira peut-être que l'ouvrier fera mieux d'acheter des filières toutes fabriquées. Je sais que cela a souvent lieu ; mais je pense que c'est un mal, et voici mes raisons : 1° l'achat d'un assortiment de filières coûte très-cher : le prix montant assez ordinairement de 50 cent. par ligne de diamètre au-dessus de 3 ou 4 francs que coûtent les petites filières de 3 ou 4 lignes ; 2° la filière est un outil susceptible de se déranger facilement, et, dans ce cas, il faut avoir recours au fabricant et payer pour la faire remettre en état ; 3° en supposant qu'elle fût tellement bien construite qu'elle ne se dérangeât de long-tems, les affûtages successifs du fer, en diminuant sa longueur, nécessitent forcément à la longue un replacement, qui ne peut être fait que par celui qui sait construire la machine ; 4° enfin la fabrication des filières attend encore quelques perfectionnemens qui s'obtiendront bien plus tôt si un plus grand nombre d'ouvriers adroits et appliqués s'adonnent à ce genre de travail qui peut être pour eux un genre d'amusement utile dans leurs momens de loisir.

La filière se compose de deux parties : le tarau qui fait l'écrou, la filière qui fait la vis ; et comme c'est le tarau qui guide dans la fabrication de la filière, nous nous occuperons d'abord de cet outif.

Le tarau se fait en bois ou en fer; mais plutôt en fer : nous parlerons cependant de l'une et de l'autre manière. Pour faire le tarau en bois on se procure une vis en bois de la grosseur et du pas de la vis qu'on veut reproduire, on échancre 8 ou 10 filets, et on remplace le bois coupé par des clous d'acier, entrés à force, et dont on lime les extrémités saillantes en forme de filets, en ayant soin que le premier fer entrant soit un peu camus, le second moins, le troisième presque parfait, et que le quatrième et les suivans, si l'on en met plus de quatre, aient toute la force du filet. On les lime à angle rentrant sous le filet, afin de les rendre plus coupans, et on a soin d'évider le tarau en bois devant chaque filet coupant, afin que le bois enlevé puisse se loger. La *fig.* 1re, *pl.* 71, fera de suite comprendre comment se placent ces clous d'acier. Il est bon que le bois dont est fait ce tarau soit dur et compacte, et si l'on ne peut avoir cette vis-modèle en buis, ce qu'on doit toujours préférer; on la fera en cormier, alisier ou pommier.

On voit en *a b*, dans cette figure, comment se placent les deux clous d'acier qui sont visibles de ce côté ; le troisième clou *c*, est du côté opposé ; quant au quatrième *d*, sa situation ne permet point non plus qu'il soit vu ; mais il se trouve sur le filet marquée *d*, et à sa naissance. Quelques personnes font traverser ces clous de part en part, et les affûtent des deux côtés. Cette manière n'est pas celle que je conseille de suivre, les clous finissant par s'ébranler ; il est d'ailleurs fort difficile de retrouver l'inclinaison du filet de l'autre côté. Quelques amateurs construisent différemment leurs taraux en bois ; ils fendent longitudinalement leur vis-matrice à l'aide d'un scie *passe-partout*, en réservant, par le bas, une partie pleine. Puis, introduisent dans cette espèce de mortaise allongée, une bande de tôle d'acier, d'une épaisseur telle, qu'elle remplisse la fente et n'y pénètre même qu'avec effort. Lorsque la lame est ainsi placée, ils liment les deux côtés en scie, en se servant des filets pour conducteurs. On peut consolider la lame intercalée, en y plaçant des goupilles qui la maintiennent, si l'on peut craindre que la pression du bois soit insuffisante. Lorsque la lame est placée on donne du dégagement, en enlevant du bois devant les dents. On voit en A, *fig.* 1re, comment on emmanche ces taraux en opposant l'un à l'autre les fils des bois.

Ces taraux rendent un assez bon office, mais ils ne durent pas autant que ceux en fer ; ils ont d'ailleurs le désavantage de ne pas tarauder jusqu'au fond des trous, ne faisant parfaitement l'écrou que lorsqu'ils passent de part en part. Nous nous occuperons spécialement de ceux en fer, dont nous avons déjà donné une description détaillée dans l'*Art du Tourneur*, publié en 1824.

En faisant forger le tarau, *fig.* 2, *pl.* 71, on recommande à l'ouvrier de laisser un bourrelet à l'endroit où doivent se trouver les filets ; le corps du tarau devra être cylindrique dans tout le restant de sa longueur. Si l'on est à même de faire tourner ce tarau, l'ouvrage avancera davantage et sera mieux fait, sinon on l'arrondira avec la lime ; puis on tracera sur le bourrelet le filet qu'on voudra avoir. Il y a une manière de faire ce tracé à la fois sûre, facile et expéditive. On tire sur une bande de papier des parallèles écartées entre elles, suivant la grosseur des pas qu'on veut avoir ; puis on colle ce papier sur le fer, les raies en dehors, en faisant enjamber une raie lors de la réunion des deux bouts pour produire l'hélice ; la *fig*. 3 fera de suite comprendre cette opération. Lorsque ce papier est ainsi collé, on suit avec un tiers-point le trait fait à l'encre ; et lorsque ce trait est marqué sur le fer, on en fait un autre parallèle, moins marqué et bien au milieu, qui servira à indiquer le sommet du filet. Reprenant alors le trait premier tracé, on le rendra profond en ayant soin de réserver toujours le trait du milieu légèrement tracé, qui formera bientôt le tranchant des filets. La vis, ainsi faite cylindrique, il ne s'agira plus que de la faire conique, pour donner de l'entrée à l'outil.

Si l'on a fait cinq filets, ce nombre est assez ordinairement celui qu'on choisit, il faudra, à mesure que l'on descendra vers la naissance du filet, diminuer ce filet d'un cinquième de sa hauteur, à chaque tour, en ayant bien soin de conserver toujours le même écartement entre la révolution de l'hélice qu'il forme. Ainsi le filet marqué 1 sur la figure, aura à son principe toute la hauteur; il ira en diminuant jusqu'à celui marqué 2, et lorsque ce nouveau tour commencera, il sera déjà plus bas d'un cinquième de la hauteur totale, et ainsi de suite; jusqu'au cinquième tour. qui, à la fin, se terminera à rien. De cette manière, l'outil ne produit qu'un cinquième de son effet total à chaque tour, et pénètre bien plus facilement dans le bois.

Mais un tarau rond ne pourra produire son effet qu'en refoulant la matière, et alors il sera très-dur à mener; il fera fendre le bois lorsqu'on taraudera dans des endroits situés près des bords des planches, ou dans des morceaux d'un petit diamètre : on évite ces désagrémens en faisant des coupures sur la longueur de l'outil. Ces coupures, qu'on nomme *dégagement*, servent à donner du tranchant à l'outil et à livrer passage aux copeaux : elles doivent également être faites avec discernement. Entre beaucoup de manières, il en est une plus simple que les autres, et que je crois devoir être préférée. C'est celle présentée dans la *fig.* 2, en **A**. On divise la circonférence en huit parties dont quatre seront réservées pleines et quatre sont vidées; en évidant on aura soin de faire un angle rentrant sous les filets, afin de les rendre plus coupans.

Ces taraux rendent un très-bon service; ils coupent en montant et en descendant, et ne s'engorgent jamais; quelques ouvriers les font en forme de baril, et ceux qu'on vend dans le commerce affectent ordinairement cette forme : je n'en vois nullement l'utilité; puisqu'une fois que le filet le plus élevé a passé, ceux qui le suivent ne servent plus à rien. Quelques amateurs trempent leurs taraux en paquet : c'est encore, à mon avis, une chose inutile; le tarau garde, il est vrai, pendant plus longtems sa vive arête; mais on s'ôte alors la faculté de le raviver avec une lime lorsqu'il ne coupe plus, avantage que l'on conserve lorsque le tarau est en fer ou en acier non trempé.

Quant aux taraux forés en dedans, ils ont bien aussi leur mérite; mais nous ne pensons pas qu'il soit nécessaire d'en donner la description, non plus

que de plusieurs autres manières de
faire. Nous en avons parlé longuement
dans l'*Art du Tourneur*, et nous renvoyons à cet ouvrage les personnes qui
voudraient faire une étude spéciale de cet
outil ; nous devons cependant parler
d'un tarau perfectionné, dont nous n'a-
vons acquis la connaissance que depuis
la publication de cet ouvrage, et qui
doit fixer l'attention des amateurs, en ce
qu'il coupe le bois très-facilement, qu'il
ne peut le faire fendre en aucun cas,
et qu'il est si doux à mener, qu'un en-
fant pourrait tarauder des trous d'un
grand diamètre. On pourra le faire en
bois pour les écrous d'un très-grand calibre. Supposons-le d'abord fabriqué en
fer.

Ainsi qu'on le voit dans la *fig.* 4, il
consiste en un cylindre plein autour
duquel tourne, en décrivant une hélice,
le filet *a*, saillant d'une ligne au plus,
détaché du fond comme dans les vis
Japy. Ce filet sert de conducteur et
tire dans le trou, en réglant sa marche,
le corps du tarau qui est garni par le
haut de quatre V en acier trempé, affûtés bien vifs, et augmentant d'élévation
à mesure qu'ils se succèdent : le premier

ne plonge que d'un quart dans la matière; le second, d'un autre quart; le
troisième, des trois quarts; le quatrième,
enfin, sort entièrement et finit l'écuelle.
Ces quatre V sont les extrémités de deux
traverses en acier, placées en croix dans
l'intérieur du cylindre : la grande difficulté réside dans l'exact ajustement de
ces deux traverses, faites toutes deux sur
le même modèle, mais différentes seulement par la longueur. Ces V, percés
à jour, coupent du côté par lequel ils
pénètrent dans le bois, et doivent être
placés suivant l'inclinaison déterminée
par le filet conducteur.

Comme on doit bien le présumer, il
faut une grande habileté pour bien ajuster ces traverses dans le corps du tarau.
Une autre difficulté résulte de leur fixa-
tion, à laquelle on parvient au moyen
des goupilles marquées *b b* sur la *fig.* 4,
et sur les figures de détail A B C D, représentant une de ces traverses, vue
en A, du côté tranchant; en B, du
côté opposé; en C, en perspective; et
enfin, en D par le bout. Si l'on veut
s'épargner la peine d'ajuster ces V dans
les petits taraux, on fera bien de les
construire tout en acier, et de réserver

les V en saillie sur la pièce : on les évidera avec un foret et une petite lime ; on les trempera ensuite, et on les affûtera avec une petite alèze de pierre du Levant, du genre de celles que l'on trouve chez les marchands sous le nom de *pierres à pivots.* Quand, pour faire de gros écrous, on fait ces taraux en bois, le filet conducteur se trace simplement sur le cylindre, et l'on plante sur l'hélice, d'espace en espace, des pointes de fer qu'on lime en biseau incliné, suivant l'inclinaison du filet. Quant aux traverses, on les fait comme nous venons de l'expliquer, à cette différence près, qu'on lime les deux premiers V en rond, faisant gouge, et les deux seconds en V, formant l'angle aigu et finissant le filet.

Ainsi se font les taraux ordinaires : quant à ceux qui servent à faire des écrous d'un très-grand diamètre, c'est le charpentier qui les construit, et leur description ne doit point faire partie de notre ouvrage. Nous passerons de suite à la démonstration de la filière.

C'est dans la fabrication de la filière qu'on commence à faire l'épreuve de la bonté du tarau. Après avoir dressé une

planche d'alisier ou de cormier, ou de
tout autre bois dur, et l'avoir mis d'é-
paisseur, on perce au milieu un trou de
calibre avec le corps du tarau, pris
au fond des vides qui séparent les filets.
On enfonce en tournant le tarau dans ce
trou, et l'on forme un écrou destiné à
faire des vis semblables au tarau. L'é-
paisseur du morceau de bois destiné à être
la filière, devra être telle que huit ou
dix filets soient contenus dans la longueur du trou qui le traverse. On pourra
donner à l'ensemble la forme représentée *fig.* 5 et 6, ou toute autre qu'on
jugera convenable.

On s'occupera pour lors de la fabrication du V. On prend pour le faire un petit
barau d'acier qu'on lime et qu'on ajuste
sur l'une des écuelles ou vides du tarau ;
il doit être d'une longueur telle qu'il
dépasse de six lignes à peu près le plein
de la filière. Ce V doit être trempé dans
sa force ; on le fait revenir bleu, si l'on
s'est servi d'acier fondu, et gorge de pigeon ou même jaune d'or, si l'on a employé de l'acier de qualité inférieure ;
la *fig.* 7 le représente vu de profil ; la
fig. 8 le fait voir en dessus du côté de

la cannelure, qui se fait avec un tiers-point, et enfin la *fig*. 9, est le V vu en bout.

La grande difficulté de la fabrication est le placement de ce fer; il n'y a qu'une manière de le placer pour qu'il coupe convenablement : pour peu qu'on s'en écarte, il coupe moins; si l'on s'en écarte tout-à-fait, il ne coupe plus du tout, et l'opération est à recommencer. On fera donc bien, avant de donner aucune forme à la filière, et avant de s'occuper de la planchette de recouvrement A, *fig*. 6, de s'occuper d'abord du placement du V.

Avant donc d'avoir percé et taraudé le trou dans une planche mise d'épaisseur, on tracera, avec un compas, sur le dessus de la planche, bien dressé, un cercle dont on marquera profondément le centre : on tirera deux lignes droites se croisant sur ce centre, et divisant le cercle en quatre parties égales : on marquera profondément ces lignes, parce qu'elles seront utiles dans la suite de l'opération. Ce sera dans le centre du cercle dont il vient d'être question qu'on mettra la pointe de la mèche avec laquelle on percera le trou. Ce trou, percé et taraudé comme il a été dit plus haut, on cherchera la naissance du filet, et ce sera de ce côté; mais plus bas, que se trouvera l'endroit où le filet est plein et entier: nous avons marqué la marche de ce filet dans la *fig.* **5**, par une ligne spirale ponctuée : c'est aussi à cet endroit où pourra être placé le **V**. Nous disons pourra être placé, parce qu'il pourra être placé aussi sur tous les points de la circonférence à partir de ce point. Mais en se déterminant pour un point, et en supposant, comme dans l'exemple, qu'il se trouve placé au point où le filet devient tout entier, on aura égard à l'une des lignes *a a*, passant par le centre du trou ; c'est sur l'une ou l'autre de ces lignes que devra être placée la pointe du **V**, et le corps de ce **V** devra être mis d'équerre avec cette ligne. La *fig.* 5 fera comprendre cette première position du **V** relativement à la ligne *a*. Lorsque le fer sera ainsi placé, on tracera avec un poinçon, en se servant du **V** lui-même pour conducteur, deux lignes qu'on prolongera jusqu'à l'extrémité de la filière. On enlèvera le bois contenu entre ces deux lignes, à l'aide d'une petite scie et d'outils appropriés à cet usage, et on creusera le conduit qui doit recevoir le **V**, jusqu'à un huitième de ligne au-dessous du filet. Beaucoup d'ouvriers se contentent de placer le fer exactement vis-à-vis le filet coupé par l'entaille ; mais l'expérience a prouvé qu'il coupe mieux lorsqu'il est un peu au-dessous. On ne saurait trop rendre raison de cet effet ; peut-être, dans l'action de couper le fer remonte-t-il toujours un peu et se trouve-t-il alors juste vis-à-vis du filet ? Peut-être existe-t-il d'autres raisons qu'il serait inutile de rechercher ici ; le fait est tel que nous l'annonçons. Le conduit pratiqué, on y place le fer qui doit y entrer avec peine ; on le retire ensuite, et, avec une scie, on fait la ligne oblique b ; on enlève le bois contenu entre cette ligne et le conduit du fer, et on ajuste un clavette angulaire d, devant occuper la place du bois ôté, et opérant pression sur le **V**, comme cela a lieu pour les fers des rabots à moulure. Le fer et la clavette qui le maintient doivent affleurer le dessus de la filière, et si la parfaite horizontalité ne peut avoir lieu, il vaut mieux que ce soit le fer qui désaffleure un peu, afin qu'il puisse toucher à la planchette de recouvrement et être pressé par elle.

Cette planchette A, *fig*. 6, est percée dans son milieu d'un trou égal en diamètre à la grosseur totale de la vis, c'est-à-dire d'un diamètre plus grand que le trou de la filière, de toute l'épaisseur des filets, et égal au cercle *f*, *fig*. 5. Elle est en outre percée de plusieurs petits trous, par lesquels passent des chevilles implantées dans la filière et les vis qui la fixent. Le grand trou sert à déterminer la grosseur du bois à fileter; il sert en outre de conducteur. A mesure que le V divise la matière, le copeau sort, ainsi qu'on voit dans la *fig*. 5, par le dégagement *c*. On continue à tourner jusqu'à ce qu'on ait fileté la vis.

Les lignes ponctuées *e e*, *fig*. 5, indiquent la position qu'on peut aussi donner au fer, mais en creusant alors le conduit à la profondeur d'un filet et demi; cette position peut encore être celle d'un second fer, dans une filière devant fileter des vis d'un très-fort diamètre. Dans ce cas, le premier fer ne formera pas le V, mais sera tout simplement une gouge qui, en enlevant d'abord un copeau rond, préparera la marche du second fer qui finira l'écuelle. On ne doit mettre deux ou plusieurs fers que pour les très-grosses vis ; il ne faut pas, cependant, que ces fers se ressemblent dans leur forme et soient destinés à agir simultanément, il n'y en aurait toujours qu'un", le plus avancé, qui mordrait. Un mécanicien du faubourg Saint-Antoine nous a dit avoir construit un filière qui, mue par deux hommes, taraudait des vis de 10 pouces de diamètre, résultat auquel il prétend être parvenu en mettant quatre fers diversement disposés. Nous n'avons pas vu l'outil qui a été expédié pour Marseille, et nous ne pouvons, en conséquence, certifier l'authenticité de ce fait.

Il y a bien d'autres manières de construire la filière en bois ; nous renvoyons à cet effet à l'*Art du Tourneur* déjà cité. Nous avons choisi la manière que nous venons d'expliquer, parce qu'elle nous paraît la plus avantageuse, en ce point que le même fer peut servir à plusieurs fûts et fileter des vis de diamètres différens, selon qu'il mordra plus ou moins profondément, l'angle d'ouverture entre les filets étant le même dans une grosse ou dans une petite vis. Elle nous paraît encore préférable en ce qu'elle offre beaucoup de facilité pour aiguiser le fer, qu'on peut ôter et remettre sans plus de peine que n'en coûte la mise en place du fer d'un rabot.

Nous ne pouvons nous dissimuler qu'il sera peut-être encore difficile de construire une filière sur notre seule démonstration, cependant nous espérons qu'on pourra y parvenir avec de l'étude, de l'adresse, en se pénétrant bien de nos préceptes, en regardant avec attention nos figures, et surtout en ne perdant pas courage si un premier ou un second essai n'amenait pas de résultats avantageux.

AUTRES OUTILS.

La varlope et même la demi-varlope de l'ébéniste doivent toujours avoir deux fers ainsi que les rabots. Dans l'affûtage des fers de dessus, on aura soin de laisser un petit espace plat d'une demi-ligne environ. Si ce second fer était entièrement arrondi, ou qu'il coupât comme celui de dessous, son effet ne serait pas aussi assuré; il ne briserait pas le copeau, comme cela a lieu lorsque ce dernier vient à rencontrer une petite surface plate. Il est des cas où l'ébéniste ne met qu'un fer ; mais alors il le retourne dans le fût, ce qui fait qu'il se présente au bois le biseau en dessus ; il coupe beaucoup moins, et fait, en quelque sorte, l'effet des deux fers, et n'est pas sujet à lever des éclats : On préfère cependant le fer double, surtout lorsqu'il s'agit de replanir des bois noueux.

Le rabot à dents est un outil propre à l'ébénisterie : les fers en sont brettés. Les canelures étant faites du côté de la planche d'acier, on affûte ces fers comme à l'ordinaire. Ces rabots à dents, dont la coupe doit être fort peu inclinée, servent pour les bois noueux et à contre-fil ; mais leur destination la plus ordinaire est de rayer le bois pour le disposer à mieux prendre la colle.

Les guillaumes. Ce que nous avons dit de cet outil, dans la première partie de cet ouvrage, est applicable également aux guillaumes de l'ébéniste ; nous devons cependant appeler l'attention sur le *guillaume debout* , qui appartient plus spécialement à cette partie de l'art : cet outil, dont la coupe est presque droite, doit être affûtée différemment. Il est de principe de faire un contre-biseau d'une demi-ligne environ en dessus, au lieu de laisser le tranchant vif, comme dans les guillaumes ordinaires. Ce contre-biseau s'oppose à ce que l'outil morde avec trop d'âpreté ; il fait en quelque sorte l'effet d'un second fer.

Rabots à moulures. Il s'est fait, dans cette sorte d'outil, un changement important dont les traités de menuiserie publiés jusqu'à ce jour ont omis de faire mention : les amateurs s'en sont étonnés avec raison. Cette manière de faire était bonne à répandre. Il ne suffit pas qu'une chose soit connue à Paris et dans les grandes villes , il faut encore, si elle est avantageuse, que les ouvriers des villages les plus reculés soient également mis à portée de la pratiquer. Les *fig.* 15 et 16, offrent les profils d'outils à moulures construits d'après cette méthode, que nous ne pouvons appeler nouvelle puisqu'elle date déja de plusieurs années. On voit particulièrement dans la doucine, *fig.* 16, que la joue du rabot se trouve dans une position tout autre que celle autrefois mise en usage. Entrons dans quelques détails à cet égard.

Supposons que *a fig.* 17, soit le morceau de bois sur la rive duquel il s'agisse de pousser une doucine; l'outil situé suivant l'ancienne méthode était placé ainsi qu'il est présenté en *b*; la joue indiquée seulement par la ligne ponctuée B', s'appuyait contre le champ, et réglait la marche de l'outil. Il n'est personne qui, ayant manié un outil à moulure, ne sache qu'il arrivait souvent que l'outil déviait malgré les efforts du bras droit pour le maintenir; et que souvent le fer en dérivant traçait de profonds sillons sur la moulure. On a remédié à cet inconvénient en construisant l'outil ainsi qu'il est indiqué en *c*. Dès que le fer a commencé à entamer le bois, la matière entrant dans le vide de l'outil, toute échappée devient impossible; il ne s'agit plus que de tenir l'outil droit et de pousser devant soi; on n'a plus à songer à cette pression de côté qui nécessitait deux directions simultanées et qui était très-fatigante pour l'ouvrier. Il est, sans doute, beaucoup de cas où cet outil ne peut servir, et pour lesquels il faut avoir recours à l'ancienne méthode ; mais toutes les fois que la moulure à cheval sur le champ du bois peut être employée, elle présente un avantage incontestable ; le copeau, d'ailleurs, sort bien plus facilement puisqu'en aucune manière il ne se trouve forcé de remonter, comme il est souvent contraint de le faire dans la lumière de l'outil construit suivant l'ancienne méthode.

Nous avons souvent, dans le cours de cette quatrième partie, parlé de l'emploi des crémaillères dans la construction d'un grand nombre de meubles ; il convient de donner quelques explications sur la manière de les fabriquer plus aisément et plus correctement qu'on n'a coutume de le faire. On se sert ordinairement, pour faire une crémaillère, d'une scie avec laquelle on fait, d'espace en espace, des coupures de la profondeur qu'on veut donner aux dents, puis on coupe le bois en pente à l'aide d'un ciseau ; cette manière de faire n'est ni sûre ni prompte, les dents ne se ressemblent pas. Vainement pour parvenir à parer à ces inconvéniens, des ouvriers intelligens ont-ils rapproché les tringles destinées à être crémaillées, et ont-ils, à l'aide de deux traits de scie, l'un donné verticalement, l'autre en biais, fait des dents plus régulières; cette manière n'a pu être adoptée, par la difficulté qu'il y avait de donner toujours à la scie la même inclinaison; on a donc cherché à mieux faire, et on a inventé un rabot qui a rempli le but qu'on se proposait.

Ce rabot à crémaillère (fig.18 pl.71) fait les crémaillères promptement, chaque dent est parfaitement semblable aux autres dents, et la vive-arête est partout conservée. Il est garni de deux fers, l'un placé comme à l'ordinaire, mais en coupe inclinée(*v fig.* 19), l'autre placé dans une position verticale est un simple couteau qui sert à couper le bois parfaitement à l'aplomb et à prévenir le recul du rabot, qui sans son secours ne ferait pas une dent vive et bien dégagée (*v. fig.* 20 et 21); il se place en avant du fer incliné qui relève le copeau qu'il n'a fait que tracer. Ce fer est indiqué dans la *fig*. 18 par les deux lignes ponctuées *a*. Quant au fer *b*, on le place incliné pour qu'il coupe mieux, et chasse avec plus de facilité le copeau *c*. Ce fer doit en outre être un peu plus large que le fût et entrer d'une ligne dans la joue, ainsi que l'indique la ligne ponctuée *d*; cette disposition assure la parfaite exécution de la dent relativement à sa vive-arête. On met à ce rabot une contre-joue *e*, qui sert à maintenir les fers et concourt à la conservation des lumières, qui pourraient s'ouvrir sous l'effort des coins, en faisant céder la joue principale.

L'action de ce rabot est facile à comprendre ; soit *f* un morceau de bois d'une longueur déterminée par celle des crémaillères que l'on veut avoir, d'une largeur telle que toutes les crémaillères puissent s'y trouver indépendamment des passages de la scie. Ce morceau de bois étant dressé sur l'un de ses bouts, on le placera en travers sur l'établi, et on le rabotera en travers, le bout dressé servant de conducteur ; et l'on fera de la sorte des sillons bien dressés et parfaitement égaux. Le premier fer *a fig*. 19 placé tel qu'il est vu dans la *fig*. 20, coupe le fil du bois sans enlever de copeau, c'est le fer incliné qui le suit qui détache ce copeau. Lorsque toutes les dents sont ainsi faites en travers, on refend le morceau de bois en longueur en donnant à chaque baguette la largeur nécessaire, et on a de la sorte des crémaillères semblables et promptement faites, parfaitement unies et dressées. On a été obligé de représenter ce rabot vu à contre-sens, pour rendre la démonstration facile à saisir; le lecteur intelligent saura la placer dans sa pensée selon la position qu'il doit avoir.

Lors de la dernière exposition des produits de l'industrie, le public industriel s'arrêtait devant les produits de M. Dinant, fabricant d'outils, place de la Fidélité n°. 1, près Saint-Laurent. Cet artiste habile avait exposé des rabots à moulures à plusieurs fers, et des échantillons de bois ouvragés par ces outils ; les amateurs se rencontraient, pressés avec les ouvriers, devant ces utiles produits, pour lesquels M. Dinant a été cité avec éloges dans le rapport du jury central au ministre du commerce et des manufactures. Nous avons compris qu'il nous importait de consulter un artiste aussi habile, et après l'exposition nous sommes allés le trouver pour obtenir de lui des renseignemens sur la fabrication des outils. M. Dinant s'est prêté avec toute la complaisance possible à tout ce que nous avons exigé de lui; il nous a fait voir ses outils, nous a expliqué les règles de leur construction avantageuse, et nous a prouvé que la bonne exécution n'était pas seulement le résultat d'une connaissance instinctive de ce qui est convenable et bon, mais qu'elle était encore le résultat de sages combinaisons, de raisonnemens solides, basés sur des conséquences logiquement déduites, et sur une longue expérience bien dirigée et rendue fructueuse par les observations précises d'un esprit sain et juste. Nous aurions désiré copier pour les faire connaître à nos lecteurs les divers modèles qui nous ont été présentés; les proportions relatives de cet ouvrage ont été un obstacle insurmontable à l'accomplissement de ce désir. La partie des rabots à moulures, des bouvets à approfondir, des guillaumes et des autres outils à fût, est sans doute très-importante; mais lui ayant déjà consacré un bon nombre de pages dans la première partie de cet ouvrage, nous ne pouvions, quelle que fût notre envie, que la traiter légèrement dans ce supplément au chapitre des outils. Nous avons choisi, entre beaucoup d'autres, le rabot représenté *figures* 10, 11, 12, 13, 14, *pl.* 71, qui donnera une idée de cette nouvelle manière de faire les outils à moulure, en engageant toutefois les amateurs de Paris à aller voir eux-mêmes cet estimable fabricant : nous leur promettons le plaisir vif qu'on éprouve à voir des outils bien faits et habilement raisonnés. Il suffit, nous a dit M. Dinant, de lui faire parvenir un dessin quelconque de moulure, pour qu'il réussisse à composer un outil qui l'exécute régulièrement.

Ce rabot doit faire d'un seul coup le profil d'un battant de croisée de 15 lignes ; l'outil n'est point rude à pousser, et ses produits sont d'une netteté et d'une précision admirables ; les *fig.* 10 et 12, le représentent vu sur ses deux côtés, la *fig.* 11 par son bout de devant, la *fig.* 13 par le bout du derrière, celle 14, enfin, par dessous. Il est composé de cinq morceaux, juxta-posés, collés et maintenus avec des chevilles noyées, savoir : Les deux joues *a b*, la partie *c*, armée de deux fers, l'un arrondi, l'autre droit ; de la partie du milieu *d* ne portant qu'un fer, et enfin du listel *e* formant la feuillure à verre du battant.

Les trois fers *f*, *g*, *h*, *fig*. 10, 12, ont une coupe à peu près égale relativement au degré d'inclinaison ; ils sont d'ailleurs placés en biais, ainsi qu'on peut le voir dans la *fig*. 14, les dégagemens des fers de l'intérieur pénètrent à travers les joues et sont marqués *i*, *j*, *k*, *l*, sur les mêmes figures 10 et 12. Le fer rond *m* se place plus droit. Quant à la joue *a fig*. 12, elle est fixée avec des vis pénétrant dans la profondeur des divers parties dont se compose le rabot. L'échancrure *n* sert à placer le pouce et facilite la prise de l'outil.

On pourrait craindre que ces rabots ne fussent sujets à bourrer ; il n'en est rien, la bonne disposition des coupes et leur inclinaison, fait que les vrillons sortent naturellement et sans effort des deux côtés de l'outil.

Nous avons vu chez M. Dinant, des ontils beaucoup plus compliqués exécutant d'un seul trait de grands profils, et qui lui avaient été commandés pour les battans de la porte de la cathédrale d'une ville de province du premier ordre ; nous avons vu les produits de ce bel outil, et nous avons admiré la perfection de ces profils exécutés par un seul et même outil, nous nous plaisons à en rendre témoignage. Les bouvets à approfondir, faits par cet artiste, ont aussi un avantage qui leur est propre ; mais ils différencient en trop peu de chose des beaux bouvets dont nous avons donné le dessin dans la première partie de cet ouvrage, pour qu'il soit nécessaire d'en parler de nouveau. L'auteur de ces rabots à moulures se flatte de parvenir un jour à briser par le milieu l'outil dont nous venons de donner la description, et de le rendre, par ce moyen, propre à faire des profils de largeurs différentes. Nous soumettons cette idée aux amateurs qui sauront en saisir les conséquences et apprécier ce qu'elle pourrait amener de perfectionnement dans cette partie de l'outillage.

Nous avons représenté, même *pl.* 71, *fig.* 22, une équerre brisée, à l'aide de laquelle on peut tracer toutes sortes de coupes.

§ 3. *Emploi du Placage.*

—

OBSERVATIONS PRÉLIMINAIRES.

LES meubles destinés à être plaqués doivent être construits en bois très-sec ayant fait tout son effet; le chêne bien de fil et sans nœuds ni gerces, doit obtenir la préférence. Les assemblages seront simplement collés, ou s'ils sont faits à queues, elles seront recouvertes. Dans aucun cas le placage ne devra être posé immédiatement sur un assemblage à queue ou chevillé, cette règle est de rigueur, et en voici les principales raisons: La colle prend difficilement sur les bois debout; mais c'est encore là le moindre des désagrémens, car on y remédie en partie en humectant les bouts avec de bonne eau-de-vie ou en les frottant d'ail; celui auquel il n'est nullement possible de parer résulte du passage alterné qui a lieu dans les assemblages à queue du bois de fil au bois debout. Nous avons expliqué plus haut comment s'opérait le retrait des bois, qui a toujours lieu dans le sens de la largeur et de l'épaisseur et jamais dans celui de la longueur. De cette disposition naturelle et dépendante de la constitution matérielle du bois, il résulte que la partie de l'assemblage à queue qui présente le fil, finit toujours par s'enfoncer un peu, tandis que la partie qui présente le bois debout fait saillie, et que cette inégalité se dessine sur le placage d'une manière très-sensible et qui produit un fort mauvais effet. Peut-être éviterait-on cet inconvénient en faisant les bâtis en châtaignier, bois qui travaille moins qu'aucun autre, mais n'en ayant pas encore fait l'épreuve, nous ne pouvons l'avancer comme une chose certaine, l'expérience renversant souvent de fond en comble les suppositions les plus probables. Nous avons appris à nos dépens que le placage produit un mauvais effet lorsqu'il recouvre des assemblages à queues, et nous en avons dans ce moment des témoins irrécusables sous les yeux ; encore bien que nous eussions choisi pour la construction des bâtis des bois extrêmement secs, sur lesquels nous pensions pouvoir compter.

Les bâtis en peuplier, en marronier

d'Inde, et autres bois tendres et sujets à *graisser* sous le tranchant de l'outil, ne peuvent être immédiatement recouverts par le placage, il faut les enduire, avant l'opération, d'une couche de colle claire, dans laquelle on a mis un peu d'eau-de-vie; on laisse sécher cette couche intermédiaire, et l'on plaque par dessus.

Le chêne poreux et de fil, le hêtre raboté à brousse-fil prennent assez bien la colle; mais il ne faut pas trop s'y fier, et en général on devra en toute occasion sillonner le bois en tous sens avec un rabot à dents avant d'y appliquer la colle.

Les bâtis destinés à être plaqués devront être parfaitement dressés. Si l'état du bois n'était pas satisfaisant, et s'il s'agissait d'un meuble de prix, il serait prudent de contre-plaquer; c'est à dire, de mettre sous le placage un placage de chêne choisi qui couvrirait les flasches et les petites crevasses qui pourraient donner de l'inquiétude; les meubles contre-plaqués sont d'ailleurs beaucoup plus solides que les autres.

Beaucoup de personnes pensent que les meubles plaqués et vernis sont moins solides que ceux faits massifs, c'est une erreur qu'une longue expérience détruira et que le raisonnement combat dès à présent. Les meubles plaqués présentent des garanties de durée que les autres ne peuvent offrir.

Le ver est l'agent le plus actif de la destruction des meubles; jadis une commode, une table, etc. en noyer, étaient promptement piqués; la poussière s'introduisant dans les piqûres, servait de véhicule à l'humidité, et les alternatives de sécheresse et d'humidité amenaient en peu de tems la vermoulure et par suite la destruction; la cire était un rempart impuissant contre ces agens désorganisateurs Le placage recouvert d'un vernis présente au ver un obstacle insurmontable. En effet, en supposant le vernis altéré et donnant au ver la possibilité d'attaquer le bois; ce ver, déposé sur des placages de noyer, par exemple, ne pourra traverser la couche de colle qui est en dessous, et dans la supposition où il le pourrait il s'arrêtera au chêne, parce que chaque bois a son ver et que celui qui a piqué le placage reste sans pouvoir sur le bois de nature différente qu'il recouvre, il s'arrête à ce bois et meurt d'inanition avant d'avoir pu exercer ses ravages; mais le vernis d'ailleurs est à lui seul un obstacle qu'il ne peut franchir; tandis que la cire, si elle ne favorise pas son développement, ne peut en aucune manière lui être contraire et n'est pas assez dure pour résister à sa tarière; on doit donc être assuré qu'un meuble plaqué et vernis doit durer davantage qu'un autre, et le haut prix qu'on y met n'est pas seulement le résultat de sa plus grande beauté; des qualités plus durables le recommandent.

On doit avoir soin de n'assembler avant le placage que les parties qui ne peuvent l'être après; il faut toujours plaquer les parties isolées lorsque cela est possible, sauf à les assembler lorsque le placage est pris, on s'épargne par ce moyen bien des difficultés; un ouvrier intelligent doit comprendre de suite ce que ce conseil a de bon.

Disposition des Feuilles de placage.

Avant de faire chauffer sa colle, avant de plaquer, l'ébéniste doit prendre ses mesures pour couper et symétriser son placage; c'est ici une affaire de goût et d'intelligence; s'il n'a que ce qu'il lui faut pour recouvrir son meuble, il devra

tirer le meilleur parti de ses feuilles
et les disposer de manière que les dessins
formés par leurs veines se présentent
sous l'aspect le plus flatteur; s'il a du
placage à fournir, il pourra, par la concordance des palmes ou dessins naturels,
former des dessins artificiels très-variés ,
très-agréables et quelquefois surpre-
nans. On voit des secrétaires et des commodes sur le devant desquels sont dessinés des gerbes, des berceaux , des couronnes de feuillages, des arabesques, etc.
Ces dessins sont le résultat de l'opposi-
tion ou de la réunion de deux ou plusieurs feuilles levées sur le même morceau, et dont le déploiement convenablement opéré produit ces effets dont
l'art et la nature font également les frais.
Assez souvent les six feuilles dont sont
recouverts les trois tiroirs d'une commode, ainsi que les bandes qui recouvrent
les traverses interposées, sont prises dans
la même ronce et l'une à côté de l'autre ,
ce qui fait qu'étant pour ainsi dire les
contre-épreuves les unes des autres, il
y a dans l'ensemble une parité d'aspect
que la main d'un dessinateur habile ne
pourrait donner qu'avec peine.

Lorsqu'il s'agit de recouvrir un grand panneau carré comme l'abattant d'un secrétaire, le côté d'une commode, le dessus d'une table, etc., si la feuille de placage ne suffit pas pour le couvrir en entier, on met deux ou quatre morceaux, ou même davantage, selon la grandeur des morceaux dont on peut disposer ; si l'on ne met que deux morceaux, la réunion des deux pièces se fera dans le sens vertical s'il s'agit d'une commode ou d'un sécretaire, et en travers et au milieu s'il s'agit d'une table, d'un piano, ou de toute autre surface horizontale. Si l'ouvrier est contraint d'employer quatre morceaux, il pourra les tailler indifféremment en carrés parfaits ou en triangles : nous disons indifféremment, parce que dans ce moment nous ne nous occupons nullement de l'arrangement des dessins et que nous supposons que la symétrie peut exister dans l'un et dans l'autre cas; s'il les coupe en carrés égaux, il formera un grand carré des quatre petits; s'il coupe ses morceaux en triangles il en formera également un carré en réunissant au centre les quatre sommets, les bases de ces triangles, faisant les côtés du carré ou du parallélogramme.

S'il s'agit de recouvrir une table ronde, on pourra tailler les morceaux en triangles isocèles nombreux, dont les sommets se réuniront au centre ; mais si l'on craignait que cette réunion de pointes effilées ne s'exécutât pas facilement, on découperait un petit rond, qu'on placerait au milieu. Lorsqu'il s'agit de découper ainsi du placage en rond, on se sert d'un compas à verge, présentant un couteau perpendiculaire, et l'on met une planchette sous la pointe fixe pour éviter de marquer le centre : nous avons représenté ce compas, *pl*. 3, *fig*. 4.

Dans tous les autres cas, on se sert, pour découper le placage en ligne droite, d'une règle et de la scie à main, représentée *fig*. 15, 16, 17, *pl*. 2, 1re partie.

Nous avons dit, dans la 1re partie, comment on choisit, on prépare, et comment on fait chauffer de la colle : celle de l'ébéniste doit surtout réunir toutes les conditions que nous avons exigées ; trop claire, son adhérence serait insuffisante ; trop épaisse, elle ne coulerait pas et s'agglomérerait sous le placage. Nous dirons plus bas comment il faut l'employer.

Placage des Surfaces planes.

Rien ne serait plus difficile que de donner des règles fixes pour la pose du placage ; chaque ouvrier a sa méthode qu'il soutient être la meilleure et à l'aide de laquelle il parvient à bien faire, ce qui lui sert à prouver son excellence et sa supériorité sur les autres. Les uns soutiennent qu'il faut mouiller le placage ; d'autres prétendent qu'il faut le battre à petits coups pour le redresser ; d'autres enfin soutiennent qu'il faut l'employer sec et sans le battre : ce qu'il y a de plus embarrassant, c'est que, dans chaque atelier, on vous dit : notre manière est la bonne, la seule ; voyez partout, chez tous les ébénistes renommés, on ne fait pas autrement. Trois portes plus loin on suit une autre manière ; mais on dit absolument la même chose. Au milieu de ces avis divers, nous avons aussi le nôtre : nous pensons qu'on a partout tort d'être exclusif, et qu'on peut très-bien, avec de l'attention et de l'adresse, parvenir au même but en suivant deux routes opposées.

Si l'on a deux morceaux plats d'égale

grandeur à peu près, à recouvrir de placage, comme deux tiroirs de commode, on pourra les plaquer ensemble sans autre secours que celui des vis à main, parce qu'ils pourront appuyer l'un sur l'autre, et voici comment il faudra s'y prendre. On déroulera le placage s'il est roulé. Cette opération présente déjà quelques difficultés : les uns prétendent qu'il faut le mouiller en dedans, afin de le faire dérouler ; d'autres prétendent qu'on doit la mouiller légèrement au milieu et vers les extrémités seulement ; d'autres, enfin, soutiennent ces méthodes très-condamnables, et veulent qu'on emploie le placage le plus sec possible, chacun soutient son avis avec de bonnes raisons, et, forcé de choisir, nous nous trouvons comme l'âne de Butiran, assez embarrassé au milieu de méthodes divergentes et qui cependant conduisent toutes au même résultat. Pour nous tirer d'affaire, nous avons mouillé le placage lorsqu'il était tellement roulé qu'il aurait été impossible de le redresser sans le casser, et lorsqu'il a été déroulé nous l'avons laissé en presse sur l'établi, maintenu par une planche bien dressée, comprimée par des valets.

Le placage dressé, mis de grandeur

et prêt à être posé, on fait chauffer la
colle, qui ne doit être ni trop claire ni
trop épaisse, ainsi que nous l'avons déjà
dit, et on l'étend très-chaude, et le plus
vivement possible sur le bois, avec
un gros pinceau, et on applique la
feuille. Plusieurs ébénistes soutiennent
qu'avant d'encoller le placage, si l'on
veut aussi l'encoller, il convient de le
mouiller avec une éponge, du côté opposé à la colle; ils donnent pour raison
que la colle distend le bois du côté où
elle est appliquée, qu'elle rend concave le côté qui doit se trouver en dessus, et qu'alors on risque de casser le
placage en le comprimant pour le faire
prendre par ses extrémités; ils disent
que l'eau, contrebalançant l'effet de la
colle, la feuille reste droite et est plus
facile à faire prendre. Cette manière de
faire est blâmée par le plus grand nombre, et nous nous rangeons du côté de la
majorité : il en est de même de l'habitude
que certains ouvriers ont de chauffer
préalablement les bâtis avec un feu clair
de copeaux, opération qui doit, selon
eux, servir à maintenir la colle plus
long-tems chaude et fluide; les plus sa-
vans ébénistes la condamnent : ils donnent pour raisons de leur refus d'adopter

l'une et l'autre de ces méthodes, 1° que la convexité produite par l'encollage est peu de chose; que le bois échauffé par la colle est flexible, et qu'on n'a pas d'exemple qu'il ait cassé dans la pression; qu'il est, au contraire, très-ordinaire que le placage mouillé par dessus se boursoufle et travaille, surtout dans les endroits roncés, et qu'il est alors sujet à se plisser, à onduler, ce qui est un vice capital; 2° ils s'opposent à ce que les châssis soient chauffés, par la raison, péremptoire à notre avis, que le feu fait travailler le bois, le fait déjeter et le rend, par ce seul motif, impropre à recevoir le placage. On fera donc bien, toutes les fois qu'on le pourra, d'employer le placage sec, de ne chauffer les châssis en aucune circonstance, et de ne mettre de la colle que sur les châssis, sans en enduire la feuille de placage, principalement lorsqu'il s'agit de surfaces planes. Il faut faire attention, avant d'étendre la colle, soit sur le châssis, soit sur le placage, si l'on tient à en mettre sur les deux, qu'il ne s'y rencontre aucune place graissée, soit par l'huile, soit par tout autre corps gras, soit encore par des frottemens, la

colle ne prendrait point à ces endroits.
S'il s'en rencontrait, il faudrait préalablement gratter la place et y passer à
plusieurs reprises une râpe neuve et
friande pour raviver le bois.

Lorsque la colle est étendue et que la
feuille est mise en place sur les châssis
qu'on veut plaquer simultanément, on
répand sur le dessus du placage de la
poudre de savon, on frotte les deux
feuilles avec du savon sec, ou bien encore on interpose entre elles des feuilles
de papier fin; puis on met placage contre
placage, et l'on sert le tout avec des
presses à main du genre de celles représentées *fig*. 3, 4, 5, 6, 7, 8, en ayant
soin de poser autant de vis que la grandeur des panneaux à plaquer l'exige,
c'est-à-dire en faisant ensorte que les vis
ne soient point éloignées les unes des
autres de plus de six à sept pouces.

Mais, assez ordinairement, on met
une cale entre les deux parties, ainsi
qu'on le voit représenté *fig*. 7. S'il se
trouve des joints sur des surfaces plaquées, il faudra placer à l'endroit des
joints une petite bande de papier. Il faut
serrer les vis jusqu'à ce que toute la colle
superflue sorte par les côtés : on laisse

le tout ainsi pressé pendant deux ou trois heures, ce tems étant ordinairement très-suffisant. Dans l'hiver ou durant les grandes chaleurs, la colle ne séchant pas aussi promptement, on fera bien de laisser les pièces pressées pendant plus long-tems ; mais, en général, on peut se dispenser de laisser les vis serrées jusqu'à ce que le collage soit entièrement sec ; lorsqu'il est suffisamment pris, on peut retirer les presses. Cependant, si rien ne s'y oppose, on fera bien de ne desserrer que lorsqu'il n'y aura plus à craindre aucune levée du placage. Les lieux où l'on plaque ne doivent être ni exposés au grand hâle, qui ferait sécher trop promptement, ni humides, parce que l'humidité retarde la prise de la colle, ou même lui est tout-à-fait contraire.

Placage à la Cale.

Nous venons déjà de donner une idée de cette manière de plaquer, en expliquant la *fig.* 7 ; mais ce peu de mots ne saurait suffire. Nous devons parler des cales qui forment la partie essentielle de la démonstration. Tous les ébénistes s'accordent sur ce point que, dans la plupart des cas, et toutes les fois qu'il peut être employé, la préférence est due au placage à la cale ; qu'il est plus sûr que tout autre ; qu'il convient également aux grandes et aux petites surfaces planes ; qu'il est encore praticable pour un grand nombre de surfaces courbes ; qu'enfin il est plus facile à mettre en pratique : s'ils sont d'accord sur ce point, ils ne le sont plus lorsqu'il s'agit de déterminer comment doivent se faire les cales ; et sur ce point on retrouve encore la divergence d'opinions qui se fait remarquer dans tout le reste.

Les théoriciens, les auteurs de dictionnaires d'arts et métiers, et autres, veulent que les cales soient faites en chêne, en hêtre, en orme, en bois dur : on a été jusqu'à proposer de les faire en fonte de fer. Il a semblé que la cale faite en matière compacte, devait garder plus long-tems sa chaleur et produire un meilleur effet. D'une autre part, les praticiens ont dit : les cales ne doivent être faites qu'en sapin, en peuplier, aulne ou autre bois léger pour les parties droites ; pour les moulures et autres parties courbes : seulement nous admettons le chêne. Les bois durs gardent trop long-tems leur chaleur, n'ont pas le ressort des bois tendres, qui ne prennent de chaleur que ce qu'il faut et ne la conservent que le tems nécessaire à l'opération. Nous avons essayé les deux manières, toutes deux ont également réussi ; mais, quelque propension qui nous entraîne vers l'avis des théoriciens, nous devons à la vérité de convenir que les cales en sapin doivent être préférées : il y a peu de différence en mieux ; mais, enfin, il y en a, et les bois tendres sont moins chers que les durs, et plus faciles à travailler.

On fera donc les cales en sapin choisi, bien de fil et sans nœuds. Les cales sont des plateaux de bois proportionnés en longueur, largeur et épaisseur aux bâtis sur lesquels elles doivent opérer leur pression. Leur épaisseur doit être telle qu'elles ne puissent fléchir sous l'effort des vis. On fera bien de dresser les cales des deux côtés, de les mettre d'équerre sur leurs champs, afin qu'elles puissent servir de tous côtés, et même dans la rentrée d'une feuillure. On en sera quitte pour interposer entre ces cales et les bouts des vis des planchettes qui recevront les empreintes produites par leur

pression, qui déformeraient promptement les cales sans cette précaution. On voit, dans la *fig.* 7, comment la cale *a*, sert à plaquer simultanément deux tiroirs de commode ; service
qu'elle ne pourrait rendre si elle n'était
dressée que d'un côté : on voit, en *b*, une
des contrecales dont nous venons de
parler, et que nous n'avons mise qu'en
cet endroit pour ne pas ajouter à la complication des figures.

Lorsqu'on a étendu la colle sur le
bâtis, et posé la feuille de placage, on
la frotte de savon, et après avoir fait
chauffer la cale en la promenant devant
un feu clair de copeaux, afin qu'elle soit
également chaude partout, et l'avoir
enduite elle-même de savon, on la pose
sur la feuille de placage : on serre plus les
vis des presses. Lorsque l'objet sera très-
grand, et qu'on pourra craindre que la
portée des presses ne s'étende pas jusqu'au milieu de sa largeur, on le fera
passer, avec la cale, dans des châssis à
vis du genre de celui représenté *fig.* 3,
en ayant soin de mettre sous les rangées
de vis une tringle qui garantisse la cale.
On mettra un châssis de 8 pouces en

8 pouces, ou même de pied en pied : mais alors on se servira d'une contrecale plus large pour mettre sous les rangées de vis. On se sert aussi, avec avantage, de la presse *fig.* 15, qui appuie sur le milieu, et l'on met sur les côtés des presses du genre de celle dessinée *fig*. 4. Cette presse, *fig*. 15, sert encore dans une infinité d'autres cas.

Placage au Marteau.

Nous ne pouvons nous dispenser de parler de ce genre d'appliquer le placage, bien moins parfait, bien moins sûr, beaucoup plus difficile que l'autre, mais qu'il faut cependant connaître, parce qu'il est des circonstances où il faut absolument y avoir recours ; c'est une dernière ressource lorsqu'on ne peut atteindre avec les cales le but qu'on se propose.

Voici comment on doit s'y prendre. On encolle le bâtis comme à l'ordinaire, et l'on pose dessus le placage ; si l'humidité de la colle faisait voiler la feuille, on pourrait la mouiller un peu par dessus pour contrebalancer cet effet ; il est même reçu, pour le placage au marteau, de mouiller un peu, parce que rien ne maintenant la feuille, elle est sujette à se relever. La feuille mise en place, et sans perdre de tems, saisissant le manche du marteau, représenté *fig.* 1re, on promène la panne de ce marteau sur le placage, en poussant devant soi pour chasser le trop de colle qui peut se trouver entre le bâtis et le placage. Il faut être alerte en faisant cette opération, car la colle qui se fige en refroidissant, ne vous permet point de prendre vos aises. On maintient le placage de la main gauche, tandis qu'on manœuvre de la droite, ayant toujours le soin d'opposer l'action d'une main à celle de l'autre main. Quelquefois même, dès le principe, l'ouvrier enfonce une ou deux pointes par devant pour fixer le placage, ou bien le maintient avec une petite presse, ce qui vaut encore mieux. Le marteau doit passer partout, et faire sortir l'excédant de colle des quatre côtés lorsque cela est possible. A mesure que la colle paraît sur les rives, on l'enlève, afin qu'elle n'y forme point, en se figeant, un bourrelet qui s'opposerait à une nouvelle sortie de colle. Tout cela doit se faire très-rapidement, en évitant toutefois de mal présenter la panne du marteau, et tâchant d'appuyer également : l'oubli de ces soins pourrait être cause du déchirement ou de la rayure du placage.

Lorsque deux des côtés sont occupés par des assemblages ou des traverses en saillie, et que la colle ne peut trouver d'issue que par les deux côtés opposés, on fixe un de ces côtés par les moyens que nous venons d'indiquer, et l'on pousse la colle devant soi, et, si on le peut, en ramenant sur soi et maintenant avec la main gauche le côté opposé. Il faut toujours tendre à faire faire à la colle qu'on expulse le moins de chemin possible, et l'on y parvient en la chassant toujours, autant que possible, du centre aux extrémités. Nos lecteurs doivent comprendre qu'il est impossible de prévoir tous les cas, et qu'une fois le principe posé, c'est à leur intelligence à suppléer au défaut d'explication dans les circonstances particulières. Si, par exemple, il se trouve un joint dans le placage, il faudra bien se garder de pousser la colle vers ce joint, mais bien partir de ce joint pour la chasser vers les extrémités. D'autres fois la colle ayant un trop grand espace à parcourir avant de trouver une issue, se coagule avant d'y parvenir. Dans ce cas, il faut soulever la feuille, passer entre elle et le bâtis une petite cale qui, en détachant la feuille, offre une issue à la colle : on recule cette cale à mesure que la colle prend, et enfin on la retire tout-à-fait lorsqu'on est arrivé près de la rive vers laquelle on chasse alors la colle sans difficulté. Toutes ces choses ne peuvent s'apprendre que par la pratique et une observation intelligente et bien dirigée.

La feuille plaquée, on s'assure de sa parfaite adhérence en cognant sur plusieurs endroits de sa superficie, avec le doigt recourbé. Le son que rend le placage, sert d'indice pour reconnaître les endroits où la colle n'a point pris.

Si l'on découvre un endroit où le placage n'a pas pris, on fait chauffer le fer représenté *fig.* 9, ou bien, suivant les points qu'il s'agit de toucher, le fer, *fig.* 9 et 10, et on le promène sur cet endroit, afin de l'échauffer assez pour rendre à la colle sa fluidité ; puis on passe de nouveau le marteau. Cette opération demande une grande attention ; un fer trop chaud altère le placage ; peu chaud, il ne produit aucun effet ; plus il est chaud, moins il faut s'arrêter, plus il faut passer vite : il est toujours fâcheux d'être obligé de retoucher ainsi, parce qu'assez ordinairement il en résulte de graves inconvéniens.

S'il se rencontre des joints dans la pièce qu'on plaque, comme il pourrait très-bien arriver que le placage se soulevât à cet endroit, on fera bien, avant de mettre la pièce à sécher, de passer en dessus le pinceau sur ces joints : la couche de colle qu'il y dépose empêche qu'une dessiccation trop prompte ne fasse soulever la feuille. En général, dans toute espèce de placage, il est prudent de coller des bandes de papier sur les joints.

Les parties courbes des lits à flasques se plaquent quelquefois au marteau ; mais nous indiquerons plus bas une manière plus sûre de faire cette opération. Lorsqu'on veut plaquer avec le marteau dans des gorges ou autres parties arrondies en creux, on se sert du marteau à panne arrondie, représenté *fig.* 2.

Placage de Surfaces courbes.

Les difficultés que présente le placage des surfaces planes existent de même lorsqu'il s'agit d'opérer sur les surfaces courbes, et, de plus, il s'en rencontre de nouvelles qui sont propres à cette manière de faire. Le marteau, la cale, sont encore employés dans ce cas; mais on leur adjoint des sangles, et même quelquefois on ne se sert que de ces dernières. Nous allons jeter un coup-d'œil sur les opérations qui se rencontrent le plus souvent à faire, abandonnant les cas qui ne peuvent se prévoir à la sagacité de l'ouvrier; nous devons d'abord donner quelques aperçus généraux.

Si le placage est roulé, il faudra, autant que possible, profiter de cette disposition primitive, et s'efforcer d'accorder sa courbure avec la partie courbe qu'il doit revêtir; si le placage est droit, il faudra le courber. On y parvient en le mouillant d'un côté, et l'exposant à un feu clair de l'autre; on le courbe encore facilement à la main, en l'exposant à la vapeur d'eau bouillante qui l'amollit et le rend flexible : on le courbe, enfin, en se servant du fer à rouleau, représenté *fig.* 12 et 13; on fait chauffer ce fer, et, après avoir mouillé d'un côté la bande qu'on veut gauffrer, on fait entrer une de ces rives dans la rainure *a*, et, tournant

le fer, on courbe le placage, en ayant soin
que la face mouillée de la bande se trouve
du côté convexe. Beaucoup d'ouvriers ne
mettent pas de manche b à leur fer rond ;
la soie en est carrée, et, lorsque le fer
est chaud, ils font entrer cette soie dans
un trou carré de calibre percé sur le derrière de l'établi ; ils ont alors les deux
mains libres pour mouler leur placage
sur le fer chaud. S'il s'agit de revêtir une
gorge, on découpe la bande de longueur
et de largeur, et, posant le placage sur la
place qu'il doit occuper, on le courbe
sur place, en se servant d'un fer se rapprochant du carreau des tailleurs : la
feuille garde sa courbure, et, lorsqu'il
s'agira de la poser, on aura bien soin de
n'encoller que le bâtis, parce que l'humidité de la colle, si on l'étendait sur le
placage, pourrait nuire à la courbure
qu'on vient de lui donner, soit en l'augmentant, soit en redressant un peu la
bande.

Avant de couper les bandes qui doivent recouvrir des moulures, il faut connaître l'étendue que comprend le déploiement de la moulure ; s'il s'agit d'une
tore ou moulure en saillie, la mesure de
la largeur estaisée à prendre ; on courbe

sur cette moulure une bande de carton mince, égale en épaisseur avec le placage, et la longueur de ce carton indique la largeur qu'il doit avoir. S'il s'agit d'une moulure rentrante, on peut prendre cette mesure avec une lame de plomb laminé, de l'épaisseur du placage, ou même avec un carton ; mais, alors, l'opération est moins facile, et dans ce cas, il faut plutôt contre-profiler la moulure sur le champ d'une planche mince, et prendre la mesure sur la saillie avec le carton. On se servira également du carton pour prendre les grosseurs d'une colonne à sa base et au-dessous du chapiteau à sa plus grande diminution. Il faut avoir soin que le carton soit toujours d'épaisseur avec le placage, parce que, sans cette précaution, on n'arriverait pas juste. Quant à la recommandation que je trouve dans un auteur, très-estimable d'ailleurs, de prendre le diamètre de la colonne, de le multiplier par trois, et d'y ajouter un septième, elle est très-bonne en théorie, elle perd tout son mérite lors de l'application, parce que, d'abord, il est très-difficile de connaître ce diamètre aux divers endroits où il faut le prendre, attendu qu'assez souvent la base de la colonne et une partie du chapiteau sont tournées sur le même morceau, et que le diamètre réel des deux extrémités, seuls endroits où il peut être mesuré, n'est point le diamètre du fût, qui ne peut être alors connu qu'approximativement, tandis qu'il faut, dans l'opération, une certitude absolue, qu'on ne pourrait plus mesurer le diamètre qu'avec un compas courbe ou parallèle, outils qui ne se trouvent pas toujours sous la main ; que, d'ailleurs, il se trouverait presque toujours des fractions d'une appréciation difficile, faute de *mètre* pour les mesurer ; et puis, en second lieu, parce que, tel mince que soit le placage, le diamètre de la colonne plaquée n'est plus le même que celui de la colonne non plaquée, et qu'alors la jonction des rives ne pourrait avoir lieu à l'extérieur, et pourrait tout au plus, en supposant une exactitude étonnante de calcul, joindre par la partie qui touche au bâtis.

Il est encore une remarque générale que je ne dois point omettre ; c'est que, pour les surfaces courbes, il est impossible de se servir d'un placage qui ait plus d'une demi-ligne d'épaisseur. Dans les départemens, et chez quelques ébénistes de Paris, on ne plaque point les moulures et les parties *petit rond* ; on ajoute des baguettes massives que l'on profile ensuite, ainsi que nous avons eu occasion de le dire en parlant de l'arrondi qui se trouve sur le champ du bateau des lits à flasques; mais cette manière n'est pas, il s'en faut de beaucoup, généralement adoptée à Paris : on y plaque assez ordinairement les moulures, à moins qu'elles ne soient par trop petites. Appuyons ces préceptes par des exemples.

Supposons d'abord qu'on eût à plaquer une gorge ; après avoir pris la mesure de sa largeur, on découpera le placage en conséquence, en laissant un peu de bois, l'épaisseur du trait, en dehors du tracé ; on donnera à la feuille la courbure nécessaire, soit en la mouillant d'un côté et la chauffant de l'autre, soit en se servant du fer à rouler, *fig.* 12 et 13, ou de tout autre, on fera une tore en chène de fil formant la contre-partie de la gorge qu'on veut plaquer, et destinée à servir de cale ; on encollera la gorge, on posera la feuille de placage, et, après avoir fait chauffer la cale arrondie, on la posera sur sa feuille, puis on y appliquera les presses qui feront prendre le placage. Ce que nous venons d'enseigner pour les gorges peut s'appliquer à tous les genres de moulures ; la *fig*. 5, de la même *pl*. 70, fait voir une doucine ainsi plaquée, à l'aide d'une cale, faisant la contre-partie du bâtis, profilée avec le même outil, mais seulement placée en sens contraire. L'ébéniste fera bien d'avoir toujours un assortiment de cales se rapportant aux moulures qu'il pratique le plus habituellement sur ses meubles. Il fera attention en contreprofilant les courbes qui doivent presser dans des gorges, que les arcs qui les forment fassent partie d'un cercle plus petit de l'épaisseur du placage que celui qui sert de générateur à la gorge.

Mais le contour de la moulure est parfois difficile à contreprofiler ; ou bien encore la moulure, comme dans une couronne de lit, ou sur la base d'une colonne, est poussée sur plan rond ; l'emploi des cales est alors impraticable : on a, dans ce cas, recours aux sacs de sable qui remplissent les cavités et cèdent sous les parties saillantes. Ces sacs se composent de toile souple : on les remplit de sable fin qu'on fait chauffer dans une poêle, lorsqu'il s'agit de s'en servir ; mais, comme le sable garde beaucoup plus long-tems sa chaleur que le bois , il faut avoir soin de ne leur donner que juste le degré convenable pour entretenir la fluidité de la colle pendant la pression.

S'il s'agit de plaquer une doucine, comme dans la *fig.* 6, on amollit le placage à la vapeur de l'eau bouillante, ou on le mouille avec de l'eau très-chaude, et, après avoir encollé, on étend une feuille de papier sur le placage, s'il se trouve des joints, ou bien si les pores de la ronce du bois peuvent faire craindre l'infiltration de la colle qui s'attacherait après la toile des sacs. Les moulures étant faites sur plan rond et le bois se trouvant avoir une double courbure, il faut que ce placage soit bien amolli pour suivre ces contours différens, on met les sacs le plus rapprochés possible. Puis on met des cales *a a* sur ces sacs, ainsi qu'on peut le voir dans les *fig.* 6 et 16, et l'on fait porter les vis de pression sur ces cales.

Quant à la scotie, *fig.* 16, on la plaque aux sacs, ainsi qu'elle est représentée , lorsqu'elle ne règne pas tout autour du bâtis et qu'il ne se rencontre pas dans le plan des parties avancées qui ne permettraient pas d'employer le moyen dont il va être parlé. Lorsqu'elle est tout-à-fait ronde sur plan, on y met de petits sacs ; mais au lieu d'employer les presses, on se sert d'une forte corde que l'on tourne à l'entour en la serrant le plus possible et en ayant soin que chaque tour presse contre le tour précédent. Lorsque le tout est ainsi pressé, on augmente la pression en mouillant le cordeau et l'on laisse sécher avant de desserrer. Cette manière de plaquer à la corde ne s'emploie pas seulement pour les bâtis plan rond, elle est encore usitée pour les meubles carrés à coins ronds, mais dans ce cas, après que la corde est arrêtée, on passe des coins en-dessous sur les quatre côtés, lesquels augmentent la pression dans les endroits plats où elle ne serait pas suffisante.

C'est ainsi que par la combinaison de divers moyens, on parvient à fixer le placage sur des surfaces qu'il paraissait difficile d'atteindre par la pression. Lorsqu'ils sont insuffisans, la circonstance doit éveiller l'imagination de l'ouvrier, et la solliciter à en créer d'autres. S'il s'agit, par exemple, de plaquer le cylindre d'un secrétaire, cette pièce, creuse en dedans, convexe en dehors, ne présentant aucun point d'appui, serait fort difficile à plaquer. La *fig.* 17 représente le moyen à l'aide duquel on y parvient : soit *a*, le profil du cylindre. On remplit la partie concave avec de fortes planches posées à plat et dont on abat les angles ; ou bien encore, et cela est plus tôt fait, avec les calibres qui ont servi à déterminer la courbe intérieure ; ces calibres au nombre de trois ou quatre ou même davantage selon la longueur, seront placés sur champ, un à chaque extrémité, un au milieu, si l'on n'en a que trois ; si l'on en a plusieurs, on partage en sections égales l'espace compris entre les deux placés aux deux bouts. On fixe ces calibres dans leur position en les collant ou en les clouant, puis on colle, ou l'on cloue, sur leur champ et en travers, une forte planche *b*, vue en bout dans la figure. On pose sur cette planche une traverse *c* aussi longue que le cylindre et percée de 6 en 6 pouces de trous taraudés, dans lesquels passent les vis de pression *d*. Ces vis ne sont pas d'abord mises en place ou du moins elles sont assez peu enfoncées pour que leurs bouts ne dépassent pas par-dessous.

Les choses ainsi disposées, on fait

roiler la feuille de placage, à l'aide de
'eau et du feu, ainsi que nous l'avons
lit; on encolle le bâtis, on met la feuille
en place et on la fixe avec des rubans
le fil qui retiennent en même tems la
traverse c. On enveloppe alors le tout de
sangles, puis, après avoir mouillé, et
opérant devant un feu suffisant pour tenir la colle chaude, on commence à tourner les vis d, qui, buttant contre la planche b, forcent la traverse c, à s'en écarter
et opèrent par ce moyen l'extrême tension des sangles sur la partie convexe.

Si le dedans devait être plaqué, on
pourrait essayer de multiplier les calibres
en les mettant de 6 pouces en 6 pouces,
et il ne faudrait pas alors les fixer
après le bâtis, afin qu'ils pussent opérer
pression. Le placage intérieur s'opérerait
par le même tirage; quant à la feuille,
elle devrait être préalablement courbée
en sens contraire de celle destinée à recouvrir la partie du dessus; il faudrait
être plusieurs personnes bien entendues
et bien alertes pour faire ce double placage, vu la grande célérité exigée par
cette double opération, et encore ne
peut-on assurer qu'on réussirait sans
avoir recours à d'autres moyens : la

pression de 6 pouces en 6 pouces ne me paraissant pas devoir être suffisante si l'on n'employait en même tems des cales courbes pour la rendre générale.

Il n'est peut-être pas inutile de dire que les calibres qui soutiennent la pression doivent particulièrement appuyer contre les cornes de l'arc, aux points *ce*, et qu'il faut coller ou clouer, sur le champ du cylindre, des baguettes arrondies afin que les sangles ne soient point coupées par les vives arêtes ; ces baguettes se voient dans la *fig.* en *ff*. Si les calibres ne touchaient pas aux points *e e*, il faudrait passer des cales dans l'espace vide, parce que tout l'effort de la pression ayant lieu à cet endroit, la force de tirage pourrait faire céder le bâtis, qui lors du desserrement des vis, ferait probablement en se distendant, plisser ou lever le placage. Les sangles, dans la *fig.* 17, sont représentées par les lignes ponctuées *g g g*. Les lignes ponctuées *h h*, indiquent la position des planches, lorsqu'on ne se sert point des calibres.

D'autres difficultés exigent d'autres moyens de réussite et quelquefois même la réunion de ceux que nous venons d'indiquer. Dans le placage du panneau d'un lit à flasque ; on combine l'emploi des cales, du marteau, des sangles, et souvent celui des sacs à sable. Ce panneau, devant être plaqué de tous côtés, présente des difficultés qui lui sont particulières.

On commence par clouer ou coller sur les deux champs latéraux du panneau, des calibres ayant un pouce de largeur sur l'épaisseur du panneau, lesquels sont destinés à le renforcer et à s'opposer à ce qu'il cède sous l'effort du tirage des sangles, et l'on plaque d'abord le côté extérieur avant de poser le demi-rouleau a, *fig.* 8, *pl.* 70, parce que ce demi-rouleau, déterminé par la ligne de joint b, empêcherait le placage de s'étendre. On plaque quelquefois cette partie au marteau; mais il vaut mieux cependant avoir recours à la sangle. Lorsque les feuilles ont reçu par les moyens indiqués plus haut, la courbure préalable nécessaire, on encolle le panneau, on pose le placage, on l'arrête avec des rubans, puis on entoure le panneau de sangles dans le sens de sa hauteur. On aura soin de chauffer et d'humecter un peu le placage si la courbure n'était pas complète. On posera alors les cales $c\,c$, également chauffées, par-dessus les sangles non encore tendues ; et enfin, s'il en est besoin, on mettra les contre-cales *dd*. On pressera pour lors, et l'effort des vis appuyant sur les sangles les feront serrer fortement sur les parties convexes, tandis que les cales elles-mêmes appuieront sur celles concaves ; de cette manière, toutes les surfaces seront pressées, même le demi-rouleau *a*, s'il a été d'abord posé ; mais bon nombre d'ouvriers ne le placent qu'après que toutes les autres parties ont été plaquées ; on recouvre alors séparément sa demi-circonférence d'un placage, roulé d'avance, qu'on fait raccorder avec l'autre. L'examen attentif de la *fig*. 8, fera de suite comprendre cette opération qui n'est pas une des plus faciles de l'art.

C'est par un procédé à peu près semblable que l'on parvient à plaquer une colonne. Après avoir pris la mesure exacte du haut et du bas, on coupe le placage sur cette mesure ; on la courbe par les moyens que nous venons d'indiquer, puis on suspend la colonne, par les points de centre qui ont servi à la tourner, entre les deux pointes *a b* des mentonnets, *fig*. 24 et 25, *pl*. 1re; on la serre avec la vis de rappel, *b c*. *fig*. 23, *pl. id.*, ainsi que nous l'avons expliqué dans la première partie de cet ouvrage : les pointes *a b* ne servant que pour cet usage.

La colonne ainsi suspendue et virant à volonté, il devient très-facile de l'encoller et même de la plaquer; mais tout le monde n'ayant pas de mentonets munis de pointes à sa disposition, on a construit une machine à plaquer, dont nous devons donner la description parce qu'elle est d'une construction très-simple et d'une exécution facile. Elle se compose, ainsi qu'on peut le voir par la *fig*. 14, *pl.* 70, de deux poupées mobiles dont l'une, celle marquée A sur la figure, est tout simplement un morceau de bois, *a*, de trois à quatre pouces d'épaisseur, assemblé d'équerre, par emboîture et au moyen d'un ou deux tenons avec un plateau *b*, de deux pouces environ d'épaisseur. Ce morceau de bois est soutenu par derrière par un arc-boutant *c*, assemblé en entaille avec le plateau *b*, et le morceau *a* qui est percé vers sa partie supérieure et au milieu, d'un trou taraudé, par lequel passe la vis *d* qu'on peut faire en fer ou en bois, mais

19*

qu'on arme, dans ce second cas, d'un fer appointi du côté de son extrémité antérieure *e*.

La seconde poupée B se construit à peu près de la même manière ; les assemblages étant indiqués sur la figure, il deviendrait superflu d'entrer dans le détail de sa façon qui sera comprise au premier coup d'œil. Elle diffère de la poupée A en ce que la vis *d e* y est remplacée par un rouleau *a*, garni pardevant d'une embase *b* s'opposant au recul, et par derrière d'une manivelle *d* servant à faire tourner le rouleau *a*. Sur le devant de l'embase *b*, il faut implanter quatre petites lames de tôle d'acier formant le croisillon *e* ; les deux poupées se fixent sur l'établi, soit en les saisissant avec des valets, soit en les maintenant avec les presses.

Lorsqu'on veut suspendre la colonne, on donne un trait de scie en croix sous la base et l'on fait entrer le croisillon *e* dans le passage de la scie, et de l'autre côté, en tournant la vis, on fait pénétrer la pointe *e* dans le centre de la colonne ; ainsi suspendue, libre du côté A, fixée par le croisillon *e* du côté B, elle obéit à l'impulsion qui lui est transmise par la manivelle *d*, et tourne sans qu'il soit besoin d'y toucher immédiatement avec la main, avantage qui ne se rencontre pas dans les pointes des mentonets qui laissent la colonne libre de chaque côté.

La colonne posée sur la machine à plaquer *fig.* 14, il devient très-facile de l'encoller, ce qu'on doit faire avec le plus de célérité possible; la colle étendue, on applique le placage, on le recouvre d'un papier, surtout à l'endroit du joint, et l'on commence à enrouler la sangle. Cette opération se fait à deux; l'une tient la sangle tendue et pèse dessus, tandis que celui qui plaque fait tourner la colonne à l'aide de la manivelle *d*; à mesure que les tours se font on fait suivre un réchaud rempli de charbons allumés placé dessous la colonne, qui entretient la chaleur; quelques ouvriers se contentent d'enflammer quelques pincées de vrillons qu'ils poussent à mesure que la sangle avance; par ce moyen la colle s'entretient fluide et est chassée par la pression des sangles. A mesure que l'ouvrage avance et à chaque tour, il faut veiller à ce que la réunion du placage se fasse en ligne droite. Lorsque le placage est fini, on mouille le tout et on chauffe encore; après quoi on laisse sécher. Les colonnes, rouleaux et autres parties très-courbes, doivent rester plus long-tems en presse que les **autres**. Ce sera le côté de cette jonction que l'on mettra en derrière, lors du placement de la colonne sur le meuble.

En parlant des commodes à gorges, des secrétaires, des armoires à glaces, etc., généralement ornés de larges gorges par le haut et exécutés sur plan à coins ronds (*v. pl.* 55, 65, 66, 67,) nous avons dit que la double courbure qui a lieu dans ces gorges à l'endroit des coins ronds, est l'une des opérations les plus difficiles du placage, et nous avons promis d'en parler : nous remplissons cet engagement.

Quelques ouvriers sautent par-dessus ces difficultés en mettant dans cet endroit un morceau plein de même bois que le placage, dont ils s'efforcent de raccorder le veinage; mais ce moyen de passer à côté de l'obstacle n'est pas toujours praticable, et il se trouve des cas où il faut l'aborder de front; on doit alors calculer le double déploiement de la gorge et tailler la feuille en conséquence. Assez souvent on se sert d'un carton d'épaisseur avec le placage pour prendre ce double déploiement, cela fait on met un insant la feuille dans l'eau bouillante pour la rendre le plus flexible qu'il est possible, et l'amener, aussi près que le permet la contexture du bois, à la forme voulue; mais comme il est rare que l'on parvienne à une entière réduction, on coupe le placage avec un canif, en faisant une ou deux fentes verticales, on appuie alors dessus, il s'écarte dans les endroits séparés, et l'on ajuste dans les angles formés par ces coupures, de petits morceaux de la même feuille et suivant le même fil.

Ces précautions prises, on encolle la gorge, on courbe au feu, ou avec le fer à rouler, les parties sur plan droit et l'on plaque comme à l'ordinaire, en se servant de cordes neuves et fortes qui enveloppent tout le bâtis; à mesure qu'on serre, on mouille et l'on chauffe, et lorsque les cordes sont fixées, on augmente encore leur pression en passant dessous des cales, dans les endroits où on peut le faire sans inconvénient, ainsi que nous l'avons expliqué plus haut, *page* 327. C'est d'ailleurs en opérant qu'un ouvrier habile sait reconnaître les moyens efficaces pour telle ou telle flexion, et nous pensons que cette courte explication sera suffisante pour mettre dans la bonne voie.

Observations générales applicables à tous les genres de Placage.

Quelque soin que l'ouvrier mette à suivre nos leçons, il ne peut pas se flatter de réussir dès les premiers essais ; il faut que la pratique forme sa main et que l'expérience éclaire son esprit, et puis, alors même qu'il saura passablement plaquer, il faut qu'il s'attende aux accidens, et il arrive très-souvent qu'après avoir rempli toutes les prescriptions, qu'après avoir agi prudemment et avec adresse, l'ouvrage est encore défectueux sans qu'il y ait aucunement de sa faute. Un fer trop chaud passé sur un placage de couleur tendre en altérera la beauté, en fonçant par places cette couleur qui souvent est sa plus grande richesse. Il faudra donc apprendre l'usage du fer, l'approcher de la joue en le retirant du feu, pour s'habituer à évaluer approximativement son degré de chaleur, le passer très-rapidement dans les premiers instans, ralentir le mouvement à mesure qu'il se refroidit.

Lorsque dans la fabrication d'un meuble de prix on se décide à plaquer d'abord un bâtis peu sûr avec une feuille de chêne d'une ligne d'épaisseur, on ne doit songer à poser le second placage qui doit le recouvrir, que lorsque le premier est bien sec, bien dressé, et rayé en tous sens par le rabot à fer bretté.

Dans les grandes chaleurs, lorsque le tems est au sec, on doit coucher par terre les pièces plaquées, ou bien les placer contre les murs dans des endroits frais et non exposés aux courans d'air aride qui les feraient sécher trop promptement et occasioneraient des gerces ou des levées partielles du placage.

Il arrive parfois qu'il se forme des bulles d'air sous le placage, ou bien encore que le placage est soulevé et bombé en certains endroits; ces effets fàcheux ont deux causes : ou la colle n'a pas pris partout, ou elle s'est amassée sur certains points et s'y est figée avant que la pression l'ait expulsée. Dans le premier cas on essaie de la faire prendre en repassant le fer chaud sur l'endroit non-adhérent et en y posant des presses ; si, malgré ce moyen, le collage n'a pas lieu, c'est qu'il n'y avait pas de colle à cet endroit, on coupe alors le placage en biais avec un canif ou un autre tranchant mince et vif, et l'on fait passer sous le placage de la colle claire très-chaude, puis avec le marteau à plaquer on chasse cette colle dans toutes les directions, et après avoir veillé à ce que les biseaux de la coupure se replacent exactement l'un sur l'autre, on pose sur tout l'endroit une cale très-chaude que l'on comprime avec des presses à main. Lorsque la bombure provient d'une agglomération de colle, on la liquéfie avec le fer, et un ou deux petits trous piqués sur cette bosse suffisent en livrant passage à la colle excédante, pour opérer la résolution. Une cale chaude bien savonnée et fortement comprimée affaisse le placage et le fait adhérer; si les trous faits au placage devenaient trop apparens, on les ferait disparaître en les remplissant de colle claire mêlée avec de la sciure de même bois.

Si on avait par erreur mis une feuille à la place d'une autre, ou que pour toute autre raison il fallût enlever une feuille déjà plaquée et sèche, il faudrait d'abord poser des règles maintenues par des presses sur la rive des feuilles environnantes; puis chauffer cette feuille avec le fer, qui, faisant fondre la colle, donnera la facilité de l'enlever; elle pourra servir une seconde fois, si pourtant l'on n'avait pas encore poncé et verni. Lorsque cette opération a eu lieu, le placage est devenu trop mince pour être enlevé autrement que par lambeaux.

Depuis quelque tems la mode des couleurs tendres a pris le dessus; c'est une affaire de goût, et ce goût nous semble légitimé par plusieurs motifs : d'abord parce que les meubles de couleur tendre sont d'un aspect plus gai ; ensuite parce que les délicatesses du veinage et le chatoiement sont plus facilement appréciables. Ce goût a fait quintupler le prix de la loupe blanche de frêne, et l'on n'en trouve plus que très-difficilement dans les magasins. Cette augmentation de prix a été cause que les ouvriers ont cherché tous les moyens possibles de ne pas donner de la couleur au bois en le polissant, et, bien loin d'user des acétates dont nous avons donné la recette dans la première partie de cet ouvrage, ils s'abstiennent même d'employer l'huile pour percer leur bois. L'acajou clair se ponce au suif, le frêne blanc au lait ou au suif ; par ce moyen, ils conservent leur couleur naturelle, qui produit un fort bel effet ; ces observations importantes faites, nous renvoyons, pour ce qui concerne le replanissage et le poli des meubles plaqués, ainsi que pour la manière de les vernir, à ce que nous en avons dit précédemment dans la première partie, et nous terminerons notre tâche par quelques notions sur la marqueterie, que l'ébéniste ne doit pas entièrement ignorer.

CHAPITRE III.

—

MARQUETERIE.

La marqueterie est une mosaïque en
bois ; si cet art jouissait d'autant de vo-
gue qu'il en eut jadis, ce ne serait pas un
chapitre de notre ouvrage qu'il convien-
drait de consacrer à sa démonstration,
il faudrait faire un traité à part ; mais
on fait maintenant peu de marqueterie,
et ce que nous en avons vu à la dernière
exposition des produits de l'industrie ap-
partenait plutôt au placage qu'à la marqueterie proprement dite, à part quelques dessus de tables rondes : elle n'a
occupé qu'une place infiniment petite
dans ces galeries que l'ébénisterie avait
remplies par ces riches et brillans produits. D'une autre part nous avouerons
au lecteur que, n'ayant jamais par nous-
mêmes fait de marqueterie, nous nous
trouverons, pour cette partie, placé sur

un terrain désavantageux, et que nous serons obligés, pour ce qui la concerne, d'imiter bon nombre de nos honorables prédécesseurs ; c'est-à-dire de parler sur des ouï-dire, de vivre d'emprunts et de compilations, en y joignant le peu que notre expérience nous a fait connaître. Si la chose nous eût parue plus importante, nous en aurions fait une étude spéciale, nous aurions mis la main à l'œuvre et multiplié les essais ; alors nous aurions pu jeter sur les procédés indiqués depuis long-tems, et que nous allons reproduire, les regards d'une critique éclairée ; mais nous aurions alors, ainsi que nous venons de le dire, fait un volume au lieu d'un chapitre ; et nous doutons fort que, dans les circonstances actuelles, il en fût résulté un bien grand avantage pour le public industriel.

La grande difficulté de cet art ne réside pas tout entière dans la découpure et l'exact rapprochement des divers morceaux dont se compose un dessin ; elle se rencontre encore dans l'appréciation des tons, des couleurs qu'il convient de leur donner, afin de produire dans l'ensemble de l'exécution des clairs, des ombres, des reflets. C'est pour la marqueterie que les procédés pour les diverses teintures des bois que nous avons donnés dans la première partie de cet ouvrage seront particulièrement utiles; parce que la représentation d'un objet n'est parfaite qu'autant que la forme linéaire et la nuance infinie d'une multitude de couleurs sont pures et sagement combinées. Quant aux autres matières employées, nous en dirons deux mots.

Matières employées.

L'écaille avec laquelle on fait les filets, les queues des fleurs, les arabesques, est blonde ou brune. Nous ne dirons pas d'où vient cette matière, cela importe peu aux ouvriers; les amateurs le savent aussi bien que nous : on la trouve dans le commerce toute préparée, toute dressée; nous devons seulement appeler l'attention sur la précieuse qualité que cette substance possède à un haut degré de se fondre facilement sans aucun agent intermédiaire, de s'amollir, de se contourner, de se mouler à volonté, et de reprendre ensuite toute sa dureté, sa transparence, son éclat. Si l'on plonge l'écaille dans l'eau bouillante, elle s'a--

mollit promptement, et prend alors la forme qu'on veut; si l'on veut souder l'écaille, l'opération est très-simple, et demande cependant une certaine habitude; on taille en biseau les endroits qu'on veut faire adhérer; on les chauffe avec un fer, qu'on nomme *fer à souder,* et qui a quelques rapports avec ceux dont les dames se servent pour leurs papillottes. On n'emploie pas ce fer trop chaud, et jamais immédiatement; mais bien en mettant entre lui et la matière un linge plusieurs fois replié, qu'on mouille avec de l'eau chaude. Il nous est impossible d'en dire davantage sur cette opération importante que nous avons d'ailleurs décrite plus au long dans notre *Art du Tourneur,* parce que l'emploi de l'écaille est d'une bien autre importance pour le tourneur, que pour le menuisier-ébéniste.

L'ivoire est connu de tout le monde; on en distingue plusieurs sortes, entr'autres le vert et le blanc; le vert est préférable, et coûte plus cher. Il blanchit après l'emploi, et n'est pas aussi sujet à jaunir que le blanc. Cette matière se débite avec une scie ordinaire à denture fine, mais en ayant soin surtout de mouiller sans cesse, afin que la scie ne s'empâte pas : elle se travaille avec la lime, ainsi que l'écaille; on la rabotte avec des rabots en fer très-droits ; on la polit avec la prêle et l'eau, et avec le tripoli, pour donner le dernier lustre.

La nacre de perle ne peut jamais donner de bien grands morceaux ; on en fait des filets, des feuillages : c'est une belle matière, mais très-dure à travailler ; on ne la scie bien qu'avec des scies à métaux : on lui donne la forme au moyen de l'usure produite par la meule; au tour, on vient à bout de la couper avec des burins. Elle se coupe assez bien sur son plat ; il faut de bonnes limes pour la découper sur sa tranche.

La baleine employée quelquefois pour les filets n'est pas recherchée, parce qu'elle ne prend jamais un aussi beau poli que l'écaille ; il est cependant des cas où son usage n'est pas à dédaigner.

La corne n'a de prix qu'autant qu'on sait lui donner l'apparence de l'écaille ; on s'en sert rarement au naturel; le tourneur en fait plus de cas que l'ouvrier en marqueterie.

Moyens de fixation et d'assemblage.

La colle de poisson est celle dont on se sert pour fixer et réunir les diverses pièces de marqueterie ; pour être d'une bonne qualité, elle doit être inodore, blanche et transparente. On la fait fondre au bain-marie ; mais, avant de la chauffer, il convient de l'amollir, en la laissant séjourner quelques heures dans l'eau froide.

Les métaux se fixent à l'aide d'un ciment ou mortier composé de quatre parties de poix résine, deux de cire jaune, une de poix noire. On fait fondre le mélange au bain-marie, et on y ajoute peu à peu de la brique pulvérisée et passée au tamis, ou du blanc d'Espagne en poudre. On mêle le tout en le remuant, jusqu'à ce que le mastic ait atteint la consistance d'une pâte molle.

Ce mastic doit être employé chaud ; à cet effet, on le dispose en rouleaux ou bâtons de sept à huit pouces de longueur, qu'on fait chauffer par un bout, lorsqu'on veut s'en servir, ainsi qu'on le pratique pour la cire à cacheter ; quelques personnes se dispensent d'y mettre

la poix noire. On doit préférer le blanc
d'Espagne à la brique tamisée, toutes les
fois que les outils pourront atteindre le
mastic, parce que cette dernière matière
altère les outils, les ébrèche et leur ôte
le fil.

Outils de Marqueterie.

On conçoit que, pour la fabrication,
le découpage, l'application, l'ajustage
et le replanissage de la plus grande
quantité des pièces de matières différentes employées dans la marqueterie, il faut un grand nombre d'outils
et d'ustensiles; mais la majeure partie de ces outils ayant déjà été décrits,
parce qu'ils sont en usage dans l'art du
menuisier, nous n'avons plus qu'à parler de ceux qui sont propres à cette
branche de l'art. Nous renverrons donc
à ce que nous avons précédemment dit
de l'établi, des rabots à fers brettés et
autres, qui servent à redresser les matières. Quant au placage, on l'achète
ordinairement tout débité, et on peut
composer, si on veut le débiter soi-
même, une petite scie à pédale du genre
de celle dont quelques luthiers font

usage, et dont nous ne ferons pas la description, devant nous renfermer, pour ce qui concerne cette partie accessoire de l'ébénisterie, dans des bornes extrêmement étroites. Quant aux outils particuliers propres à la marqueterie, nous devons en dire deux mots.

L'*âne*, dont nous avons parlé dans le chapitre *Siéges*, et que nous avons représenté *fig.* 4, *pl.* 52 ; cette espèce d'étau sert à saisir les pièces qu'on veut découper.

La *scie de marqueterie*, qui a une monture en fer très-allongée, et qui sert à chantourner les pièces les plus petites. Nous la représentons, *pl.* 69, *fig.* 13. Cette monture est très-commode en ce que les lames sont simplement prises entre les mâchoires *a a*, serrées au moyen de vis à oreilles ; on les tend en tournant le bouton *b* qui forme la tête d'une vis de rappel, qui correspond à la tige de la mâchoire *a*, qui pénètre dans l'intérieur du manche, et reçoit, dans un écrou fait sur son extrémité, la vis de rappel *b*. Cette disposition permet de changer et de tendre les lames de scie avec une grande facilité. Ces lames n'ont guère plus d'une ligne de largeur : quelquefois une demi-ligne seulement.

Les *pousse-avant*, *butte-avant*, ou burin de graveur en bois, représentés *fig.* 15. On en fait de toute largeur ; ils servent à replanir des endroits creux lorsque le taillant doit se présenter horizontalement.

Les *burins*, vus en coupe, *fig.* 16, 17, 18 et 19. Ces burins ont différens noms. Celui *fig.* 14, quelquefois losange, le plus souvent carré, est le burin proprement dit ; ceux *fig.* 17 et 18, sont nommés *échoppes* et enfin le nom de *grain-d'orge* désigne celui représenté *fig.* 19. On doit aussi avoir pour l'écaille et la corne des burins cannelés, semblables aux **V** des fillières, dont nous avons parlé page 280, mais plus petits.

L'écouènne, *fig.* 20, est une espèce de râpe taillée seulement sur un sens ; elle sert à dégrossir l'écaille et la corne et à tout autre usage, pour lequel la râpe sillonnerait trop profondément la matière.

La *queue-de-rat*, est une lime ronde connue de tout le monde. (Voy. *fig*. 21).

Le *brunissoir*, (*fig*. 22), est un morceau d'acier applati par le bout, dont les angles sont adoucis de manière que la coupe donne une ellipse présentée à la matière par son grand côté ; il doit être trempé dur, et poli.

Le *grattoir*, qu'on peut faire avec un tiers-point passé sur une meule de petit diamètre sur chacune de ces trois faces.

L'ébarboir, est une autre espèce de grattoir, ayant quatre cannelures ; il s'affûte en passant à plat chacun de ses quatre côtés, sur la pierre à l'huile.

Un *fort compas en fer*, avec quart de cercle divisé, ayant des pointes de rechange : l'une d'elles doit former un cône obtus (Voy. *fig*. 23), afin de ne point enfoncer les centres ; un autre compas, moins connu, également en fer, ayant aussi une pointe obtuse, des pointes aiguës ; et de plus, une autre qui doit être faite en bédane, etc. ; mais ce compas doit être construit de manière que ses branches se présentent toujours dans une position verticale ; autrement les pièces coupées présenteraient des biseaux ; la *fig.* 24 fera de suite comprendre comment il doit être fabriqué, *a* est la pointe fixe ; *b* la pointe mobile qu'on peut retourner quand on veut ajouter à la portée du compas *c* ; une bande divisée donnant l'écartement des pointes, et maintenue par la vis de pression *d*. Lorsqu'on veut tracer ou couper des ronds d'un très-petit diamètre, on remplace la pointe obtuse *a* par une autre plus effilée.

Le *trusquin à tirer les filets* diffère du trusquin à tracer en ce point, que la pointe à tracer est remplacée par un petit couteau servant à couper le placage ; la *fig.* 14 représente ce trusquin dont nous parlerons tout à l'heure.

Il y a encore beaucoup d'autres outils et ustensiles, tels que pointes à tracer en acier, presses à main, emporte-pièces, etc., etc. mais les premiers sont connus ;

quant aux emporte-pièces, leur usage n'est pas assez répandu pour qu'il soit nécessaire d'en faire mention; ils ne sont utiles que lorsqu'on a à reproduire souvent un même dessin dans les mêmes proportions. Ils expédient alors beaucoup la besogne et la font très-régulière; mais un assortiment de ces outils ne se rencontre jamais que chez un artiste qui fera de la marqueterie son unique occupation.

Manière de se servir des Outils.

La première chose à faire c'est le tracé du dessin qu'on veut exécuter; à cet effet on prend un papier de la grandeur de l'objet qu'on veut recouvrir de marqueterie, ou si cet objet est trop grand pour qu'il soit possible de le couvrir avec une seule feuille, on le divise par carrés de la grandeur du papier et on arrête le dessin.

Si l'on doit ne faire qu'une fois ce dessin, on découpe le papier qui, étant choisi fort, servira de patron. Il est prudent de colorer le dessin afin d'assortir convenablement les nuances de la matière qui doit servir à l'exécuter.

Si le dessin doit être souvent répété, on le pique avec une aiguille; on prépare un sachet de charbon pilé très-fin si la matière sur laquelle on doit calquer est blanche; on substitue le blanc d'Espagne pulvérisé, si c'est sur de l'ébène ou autre matière de couleur foncée que l'on doit opérer : après avoir disposé les feuilles de matière suivant la forme et la couleur, on applique dessus le calque; et après avoir frotté le sachet sur les traits piqués et avoir reproduit le dessin sur la matière, on arrête les traits avec une pointe d'acier emmanchée et affutée bien vif et bien rond, assez semblable à celle dont les graveurs à l'eau forte se servent pour couper le vernis qui recouvre leur cuivre.

Lorsque le dessin est arrêté à la pointe, on découpe les feuilles au moyen de la scie, *fig*. 13, *pl*. 69; à cet effet on les prend dans l'étau en bois nommé *âne* dont nous venons de parler et que l'on fait joindre avec le pied, l'ouvrier étant assis sur le banc; il tient la scie de la main droite et tourne la feuille avec la gauche à mesure que la scie avance.

La lame de cette scie n'a quelquefois

qu'une demi-ligne de largeur y compris la denture ; assez souvent elle est plus large, cela dépend de la courbure des lignes qu'il faut suivre. S'il s'agit de découper une pièce dans un milieu, on perce un trou avec un petit foret ; on démonte la lame, on la fait passer par le trou et on la tend dans cette position. Ces lames ne tenant pas par des goupilles, mais seulement par la pression des mâchoires des chaperons, cette opération est facile et promptement exécutée. Ces lames sont faites avec des bouts de ressorts de montre découpés. Les marchands de *fournitures d'horlogerie* les vendent au paquet ; elles coûtent de 45 à 75 centimes la douzaine.

Dans le cas où le dessin ne doit servir qu'une fois, on colle le patron découpé sur le bois et l'on scie en suivant la rive.

Toutes les fois qu'il y a possibilité de le faire il faut scier du même trait la partie et la contre-partie, en les posant l'une sur l'autre, le patron du côté de l'ouvrier. Ces trois feuilles ainsi collées et prises dans l'étau, on est assuré de la parfaite exécution du dessin, et que les parties saillantes s'ajuste-

ront exactement dans les parties ren-
trantes.

Les feuilles employées dans la marqueterie, sont composées de toutes sortes de bois réduits en placage; ce placage doit être autant que possible d'é-
paisseur uniforme. Lorsqu'il sera marié
avec l'ivoire et l'écaille, il devra être
de l'épaisseur de ces deux matières qui
détermineront alors l'épaisseur générale. On doit faire en sorte que l'écaille
n'ait pas plus de trois millimètres d'é-
paisseur, ni moins d'un millimètre et
demi; plus épaisse elle se plaquerait difficilement, moins épaisse elle serait
sujette à casser sous la pression; ces mesures sont, à peu de chose près, les mêmes pour l'ivoire; la nacre doit avoir
plus d'épaisseur et être toujours refendue suivant son fil, parallèlement à sa
surface.

S'il se trouve dans l'ouvrage des surfaces concaves et convexes, on agit pour
leur placage ainsi que nous l'avons enseigné plus haut pour le placage en
ébénisterie; si ces parties doivent être
revêtues d'écaille, on fait prendre à cette
matière la forme voulue sur des moules
analogues, au moyen de la chaleur qui

amollit le placage et le rend ductile.

Les petites parties, étoiles, roses, etc., s'assemblent à part sur un papier épais encollé; on les découpe suivant le dessin, puis après s'en être servi comme d'un patron pour tracer sur le fond, on découpe ce fond, et on met la pièce en place Lorsque la pièce est grande, on agit en sens contraire, on la plaque d'abord sur le bâtis à la place qu'elle doit occuper, puis on ajuste et on plaque le fond.

Le placage en marqueterie se fait assez souvent au marteau; on emploie aussi les cales chaudes; mais on interpose des linges mollets et humides, afin que la chaleur ne fasse point tort aux couleurs.

Pour les filets circulaires on se sert d'abord du compas, *fig.* 24, armé dans sa branche mobile, *b*, d'une pointe taillée en bédane, de la largeur du filet; en repassant plusieurs fois ce bédane sur le même trait, il creuse promptement une feuillure dans laquelle on ajuste un filet *d*. La *fig.* 14 fait voir comment les filets se tirent de largeur. On prend dans l'étau ou la presse de l'établi, le calibre *a*; on pose dessus, dans une large feuillure égale en profondeur à l'épaisseur de la feuille de placage *b*, dont on veut tirer des filets, cette même feuille, dressée par le côté qui appuie contre le rebord de la feuillure, puis, après l'avoir fait toucher dans toute sa longueur contre ce rebord, on se sert pour détacher le filet du trusquin *d* qu'on ouvre plus ou moins, suivant que l'on veut que ce filet ait plus ou moins de largeur.

Lorsqu'on grave sur la marqueterie, on remplit les tailles avec de la laque ou de la colophane fondue.

Dans les marqueteries composées de beaucoup de morceaux, on trace le dessin sur le bâtis, puis on enfonce sur les traits relatifs à la pièce qu'on doit d'abord fixer de petites pointes plates du genre de celles dont les vitriers se servent pour la pose des vitres; c'est contre ces pointes qu'on appuie la pièce, on la plaque au marteau; elle-même sert d'appui à la pièce contiguë; on arrache les pointes lorsqu'il s'agit de plaquer du côté où elles sont situées. Ces pointes sont faites en fer assez doux pour pouvoir être rabattues sur le placage, et servir à

le maintenir si le besoin s'en présen-
fait.

Lorsque toutes les pièces sont plaquées et sèches, on lève les appareils
dont on s'est servi, et l'on dresse le tout
soit avec le rabot à dents très-fines, soit
avec ces petits rabots de deux pouces environ de longueur, dont les facteurs de
pianos se servent dans les intérieurs,
soit avec des limes neuves, soit enfin
avec des racloirs ; on polit avec la ponce
à l'huile comme à l'ordinaire, ou bien
encore en broyant de la ponce et se servant d'une molette en bois de tilleul.
Après le poncé à l'huile, on sèche et l'on
polit avec le tripoli, puis enfin avec le
blanc d'Espagne. Lorsqu'il se trouve des
métaux intercalés, on se sert en dernier
lieu de poudre de charbon de bois
blanc.

On vernit ensuite comme à l'ordinaire ;
mais pour ne pas altérer l'éclat des métaux, lorsqu'il s'en rencontre, on doit
choisir avec discernement le vernis convenable, et nous devons renvoyer, pour
tout ce qui concerne cette opération, à
la première partie de cet ouvrage. On
applique assez ordinairement sur la
marqueterie un vernis de la Chine.

Nous n'en dirons pas davantage sur cet objet, qui n'attirera l'attention que d'un très-petit nombre de lecteurs; nous finirons par quelques recettes banales qui se trouvent partout, mais que ceux qui n'auront d'autre ouvrage que le nôtre seront bien aises de rencontrer ici.

Moyen d'amollir la Corne.

Entre cent moyens prônés dans plusieurs ouvrages, celui qui nous paraît le plus simple et le plus sûr est l'exposition de la corne à la chaleur d'un feu doux. Après que la corne est désossée et qu'on a scié le *cornichon* plein qui la termine par le bout, on la scie sur sa longueur, puis on passe dedans un mandrin en bois qui commence à l'ouvrir; on la fait bouillir dans un chaudron et lorsqu'elle est tout-à-fait ramollie, on la soumet à l'action de la presse en la comprimant entre deux plaques de métal échauffé. Si elle ne formait pas la planche dès cette première façon, elle ne manquerait pas de se dresser tout-à-fait à une seconde.

On soude la corne comme l'écaille, en

prenant les parties taillées en biseau dans des pinces en fer très-chaudes.

Recette pour donner à la Corne l'apparence de l'Ecaille.

La corne étant réduite en tablettes, on prépare le mélange suivant : chaux vive, deux parties ; litharge, une partie ; on mêle le tout ensemble et on en forme une pâte avec une lessive de savon. On applique ce mélange sur toutes les parties de la corne qu'on veut colorer, en ayant soin de n'en pas mettre sur celles qui doivent rester transparentes ; on laisse sécher. Il faut de l'adresse et du jugement pour disposer la pâte de manière à former une variété de parties transparentes et des masses d'ombre, et pour faire le demi-transparent qui ajoute de beaucoup à l'effet.

Teindre l'Ivoire.

On fait bouillir les pièces dans de l'eau de couperose et du nitre ; au sortir de ce bain qui prépare l'ivoire à recevoir la teinture, on le plonge encore chaud dans la cuve où on le laisse assez de tems pour que la couleur soit belle et solide.

Pour teindre en rouge, on réduira en copeaux du bois de Brésil; on fera dissoudre ces copeaux, dans l'esprit-de-vin : lorsque la couleur aura acquis assez d'intensité, on y plongera l'ivoire qui se pénétrera d'une ligne de couleur en assez peu de tems.

Pour noircir l'ivoire, on le fera tremper pendant cinq ou six heures dans une infusion de noix de Galle, de cendres gravelées et de vinaigre; on fait bouillir l'ivoire dans ce mélange après l'avoir fait tremper quelque tems dans l'eau d'alun.

Pour le teindre en vert, on fera une bonne lessive de cendres de sarment dont on prendra 1 litre et demie; on y mettra 5 décag. (1 once 5 gros) de vert-de-gris en poudre, un peu d'alun et une poignée de sel marin; on fera bouillir le tout jusqu'à réduction de moitié, on y plongera l'ivoire sortant de la composition indiquée plus haut, et on l'y laissera jusqu'à ce qu'il soit assez coloré.

Pour teindre en bleu, on fait la même lessive que ci-dessus; on fait dissoudre de l'indigo dans de la potasse avec un

peu d'eau ; on jette ce bleu dans la lessive et on y plonge les pièces à teindre.

Pour reblanchir l'ivoire jauni, on
fait dissoudre dans une quantité suffisante d'eau, autant d'alun qu'il en faut
pour que l'eau soit blanche ; on lui fait
faire un bouillon, et on y laisse tremper
l'ivoire pendant environ une heure ; on
le frotte de tems en tems avec de petites brosses. Quand il est devenu blanc,
on le met sécher lentement, enveloppé
de linge ou de sciure de bois pour empêcher qu'il ne se gerce.

Ce qui vient d'être dit de l'ivoire est
applicable aux os.

Nous abrégeons toutes ces recettes
dont nous ne pouvons garantir absolument l'efficacité, parce que nous n'a-
vons jamais eu l'occasion d'en faire l'é-
preuve, elles auront besoin d'être ap-
puyées par l'expérience ; nous n'avons pas
jugé à propos de grossir notre ouvrage de
tout ce qui a été écrit sur cette matière,
considérant la marqueterie comme
un hors-d'œuvre, et nous ne l'a-
vons comprise dans notre traité que
dans la supposition qu'elle pourra fournir des idées à quelques ouvriers qui

n'auraient aucune notion de cet art, agréable sans doute, mais passé de mode. Les personnes qui voudraient en faire une étude approfondie, trouveront que nous en avons trop peu parlé; mais nous ne pouvions traiter convenablement, dans un court chapitre, une partie qui, pour être enseignée parfaitement, aurait exigé une pratique étendue, de très-longs développemens et un grand nombre de figures. Nous avons fait connaître les outils, et ce sera quelque chose; car, cette connaissance acquise, celle de leur emploi vient ordinairement assez facilement d'elle-même, surtout lorsqu'il s'agit de choses aussi simples.

FIN.

VOCABULAIRE

DES TERMES

employés dans l'art du menuisier.

—

Abattant, panneau qui ferme le devant d'un secrétaire.

Abouement, synonyme d'arrasement.

Affiler, donner le fil à un outil.

Affiloires, pierres minces et longues, d'une couleur grise, et parsemées de points brillans, qui servent à donner le fil aux outils à tranchant droit, et à affûter les outils de moulures.

Affutage, gros outils, comme varlopes, guillaumes, etc.

Alaise, c'est une planche étroite qu'on emploie pour élargir quelque chose, ou pour en compléter la largeur.

Amortissement, tout corps d'architecture, dont la forme pyramidale couronne un avant-corps quelconque.

Anse à panier ou de panier, cintre qui a la forme d'un demi-ovale pris sur son grand axe.

A-plomb, toutes les lignes perpendiculaires à l'horizon.

Appui, en général, toute partie de menuiserie dont la hauteur ne surpasse pas trois à quatre pieds

Appui (pièce d'), c'est la traverse du bas d'un dormant de croisée.

Appui de porte, dont la hauteur se détermine par celle du lambris d'appui.

Appui (lambris d'), toutes sortes de lambris, dont la hauteur ne passe pas trois à quatre pieds.

Architrave, partie inférieure d'un entablement. V. le chap. *Architecture*.

Archivolte, le revêtissement extérieur d'une arcade plein-cintre.

Arête et Vive arête, angle coupant du bord du bois.

Arrière-corps, champ lisse qu'on met entre deux parties de lambris.

Arrasement, extrémité d'une traverse à la naissance du tenon.

Arraser un panneau, une porte, faire affleurer l'un ou l'autre avec leurs bâtis.

Assemblage, réunion de plusieurs pièces de bois au moyen de tenons et mortaises, rainures, languettes, etc.

Astragale, moulure composée d'un demi-rond fait en forme de boudin, et d'un filet au-dessous.

Attique, menuiserie dont on revêt le dessus des portes d'un appartement.

Aubier, partie du bois qui se trouve immédiatement après l'écorce.

Baguette, moulure parfaitement ronde, excepté sur le côté par lequel elle tient au reste de la pièce.

Bain-marie (chauffer la colle au), la faire chauffer dans un vase placé dans un autre plus grand, qu'on remplit d'eau.

Balustrade, rangée de balustres.

Balustre, espèce de petite colonne.

BANDEAU, pièce de bois mince qu'on met par le haut des lambris, à la place d'une corniche.

BANQUETTE, ou soubassement, espèce de petit lambris d'appui servant de revêtissement aux appuis des croisées, dont la hauteur est moindre que celle du lambris d'appui de la pièce.

BARBE, bois qui excède l'arrasement intérieur d'une traverse.

BARRES à queue, pièces de bois dont la largeur est inégale d'un bout à l'autre, et qui sont en pente sur leur épaisseur.

BASE, partie inférieure des colonnes ou pilastres.

BATIS, partie de l'ouvrage qui doit recevoir les cadres et les panneaux.

BATTANS, toutes pièces de bois dans les extrémités desquelles on fait des mortaises où viennent s'assembler les tenons des traverses.

BATTEMENT, partie excédente qui forme la feuillure d'une porte ou de toute autre partie ouvrante.

BAIE, ouverture ou place propre à recevoir une porte, une croisée, etc.

BÉDANE, outil garni d'un manche.

BISEAU, pente qu'on donne à un fer pour y faire un tranchant aigu.

BLANCHIR, découvrir la face du bois, et en faire disparaître les inégalités les plus considérables, sans cependant s'assujétir à le dresser et le dégauchir parfaitement.

BOISER, c'est couvrir les murs d'une chambre ou d'un appartement, d'ouvrages en bois assemblés.

BORNOYER, c'est regarder par les bords de l'ouvrage s'il est bien dressé.

Bouge, pièce bombée, soit sur la longueur, soit sur la largeur.

Bout (bois de), c'est dans certains ouvrages, comme dans des tenons ou mortaises, lorsque les fibres du bois sont disposées sur la largeur ou l'épaisseur de ces mêmes tenons ou mortaises, et non sur la longueur.

Bouvement, ou bouement simple, moulure composée de deux parties de cercle disposées à l'inverse l'une de l'autre et d'un filet.

Bouvet, outil composé d'un fer et d'un fût, servant à faire les languettes et les rainures.

Bretté, cannelé.

Brisure, ou joint à rainure et languette, dont les arêtes intérieures sont arrondies, de manière qu'elles puissent se séparer aisément.

Broche, on nomme ainsi une cheville de fer dont la tige est ronde et pointue.

Brou de noix, l'écorce des noix vertes, qui, bouillie, donne une teinture fauve et brunâtre qui sert à imiter le noyer.

Brouter, lorsqu'au lieu de couper le bois vif et facilement, l'outil ne fait que ressauter dessus.

Cadre, ornement que forme l'entourage d'un profil sur une partie de menuiserie quelconque, à laquelle il donne un caractère distinctif.

Cale, planche dressée servant au placage.

Calibre, courbe ou modèle d'un cintre.

Cannelure, une cavité d'une forme demi-circulaire.

Carré, ou filet, partie lisse et plate qui sert à séparer les moulures.

Carreau en menuiserie, carré de bois de chêne destiné à remplir le bâti d'une feuille de parquet.

CERCE, toute courbe faisant partie d'une voussure.

CHAIRE à prêcher, espèce de tribune élevée, ordinairement placée contre un des piliers d'une église.

CHAMBRANLE, partie de menuiserie le plus souvent ornée de moulures.

CHAMBRANLE, architecture, corps saillant orné de moulures qui entoure l'extérieur d'une ouverture quelconque.

CHAMPS, parties lisses et unies que forment les bâtis autour des cadres et des moulures.

CHAMP (sur), l'épaisseur d'une p'anche.

CHANFREIN (abattre en), l'action de mettre hors d'équerre.

CHANTOURNEMENT, les sinuosités que forment les différens cintres dont on orne la menuiserie.

CHAPIER, espèce d'armoire remplie de tiroirs d'une forme demi-circulaire.

CHAPITEAUX, parties supérieures des colonnes et des pilastres.

CHASSE-POINTE ; c'est une broche de fer.

CHASSIS, tous bâtis de menuiserie, dont l'intérieur n'est pas rempli par un panneau.

CHEMINÉE, menuiserie servant à revêtir le dessus des cheminées des appartemens.

CHEVILLES, petits cylindres ou prismes de bois, servant à arrêter les assemblages de la menuiserie.

CHEVILLER, l'action de fixer ensemble différentes pièces.

CHEVRON, pièce de bois de trois pouces carrés sur six, neuf, ou même quinze pieds de longueur.

CINTRE PLEIN, on donne ce nom à un demi-cercle parfait.

Cintre surhaussé, cintre qui représente un demi-ovale pris sur son petit axe ou diamètre.

Cintre surbaissé, celui qui est pris sur son grand axe.

Clefs, espèce de tenons de rapport, qu'on place sur champ dans les planches pour en retenir les joints.

Clef, se dit aussi de pièces de bois en forme de coin.

Cloison, toute menuiserie servant à séparer une pièce d'appartement.

Coffiner, terme qui signifie qu'une pièce de bois s'est tortuée sur sa longueur et sur sa largeur.

Coins, morceaux de bois qu'on place dans les lumières des outils, pour retenir leur fer en place.

Compas d'épaisseur, il diffère des compas ordinaires en ce que ses branches sont recourbées en dedans; il sert pour prendre le diamètre des corps ronds.

Conduit, ou conduite, partie excédante du fût d'un outil, soit en dessous ou par le côté, laquelle sert à l'appuyer contre le bois, et à l'empêcher de descendre trop bas.

Confessionnal, ouvrage d'église en forme d'armoire.

Congé, espèce de moulure creuse, en forme quart de cercle.

Contre-vents, espèce de fermeture de menuiserie pleine.

Corniche, assemblage de moulures servant de couronnement à l'ouvrage.

Corroyer, aplanir, dresser, mettre de largeur et d'épaisseur une pièce de bois quelconque.

Côté, partie excédante qu'on réserve aux

battans des croisées, pour porter les volets ou guichets.

COUCHETTE, se dit du bois de lit avec toutes ses pièces.

COULISSEAU, pièce de bois à feuillure, servant à porter et faire glisser les tiroirs.

COULISSES, toute pièce de bois dans laquelle est pratiquée une rainure capable de recevoir la partie qui doit mouvoir dedans.

COUPE, par ce terme on entend la manière de disposer les joints des moulures et des champs des bois.

CRAIE, pierre calcaire de couleur blanche.

CRÉMAILLÈRE, tringle de bois dentelée sur champ.

CYMAISE, pièce de bois ornée de moulures, servant de couronnement aux lambris d'appui.

DÉBILLARDER, dégrossir une courbe, à la scie ou au fermoir.

DÉBITER du bois, manière de tirer d'une pièce de bois tout le parti possible. Le refendre.

DÉGAUCHIR, l'action de dresser une pièce de bois.

DÉJETÉ (bois), c'est un bois qui, après avoir été bien dressé, devient gauche.

DORMANT, ou bâti, dans lequel entre les châssis des croisées.

DORMANTE (menuiserie), menuiserie qui est d'une nature à rester en place.

DOSSERET, l'espace qui reste entrent l'angle d'une pièce et l'arête de la baie d'une croisée ou d'une porte.

DOSSES, premières levées faites sur le corps de l'arbre qu'on débite.

DOSSIER de lit, partie pleine d'un des bouts d'une couchette : l'autre se nomme pied du lit.

Doucine, moulure.

Echantillon (bois d'), bois que les marchands vendent à une longueur et épaisseur déterminées.

Echarpe, pièce placée diagonalement dans un bâti.

Echelle de meûnier, sorte d'escalier droit.

Elégir, l'action de diminuer une pièce de bois en certains endroits.

Ellipse, ovale.

Emboîture, traverse dans laquelle on fait des mortaises et des rainures.

Embrasement, ou embrasure, partie intérieure des baies de portes ou de croisées.

Embreuvement, embreuver, faire sur le champ de deux pièces de bois dont l'épaisseur est inégale, des rainures et des languettes, entrant juste les unes dans les autres.

Emarchement, entailles faites dans les limons pour recevoir les marches d'un escalier.

Encorbellement, la cymaise intermédiaire d'une corniche.

Enfourchement, assemblage qui diffère de la mortaise ordinaire, en ce que cette dernière n'a pas d'épaulement, de sorte que le tenon peut y entrer de toute sa largeur.

Entablement, la partie supérieure d'un édifice et qui sert de couronnement.

Entaille, ou à demi-bois (assemblage en), faite dans l'épaisseur de deux pièces de bois, d'une largeur égale à celle de chaque pièce, de manière qu'elles puissent entrer à plat l'une dans l'autre.

Entaille, outil, sous ce nom on comprend toutes sortes de morceaux de bois dans lesquels on a fait des entailles pour pouvoir contenir différentes pièces d'ouvrage ou autres, qui y sont arrêtées par le moyen d'un coin; c'est pourquoi on appèle entailles à limer les scies, celles qui servent à cet usage. On dit de même, entailles à scier les arrasemens; entailles à pousser les petits bois; entailles à rallonger les sergens.

ENTRE-COLONNEMENT, la distance qu'il y a de l'axe d'une colonne à l'axe d'une autre colonne.

ENTRE-TOISE, toutes traverses dont l'usage est retenir l'écart des pieds d'un banc, etc., etc.

ENTRE-VOUX, planche de chêne qui n'a que neuf à dix lignes d'épaisseur.

EPAULEMENT, la partie pleine qui reste entre deux mortaises, ou depuis la mortaise jusqu'à l'extrémité du battant.

On dit aussi épauler un tenon, c'est-à-dire, diminuer de sa largeur, pour qu'elle soit égale à celle de la mortaise dans laquelle il doit entrer.

EPINE-VINETTE, bois français, plein et de couleur jaune, qui sert à la teinture des bois.

ERABLE, bois de France et d'Amérique.

ETABLISSEMENS; ce sont certaines marques dont les menuisiers se servent pour distinguer une pièce d'avec une autre, et faire connaître le haut ou le bas de chacune d'elles, ou leurs faces apparentes, qu'ils nomment parement de l'ouvrage.

ETAU de fer ou de bois, outil composé de deux pièces nommées mors ou mâchoires, qu'on approche ou qu'on éloigne l'une de l'autre par le moyen d'une vis.

ETRESILLON; c'est une pièce de bois quelconque, qui butte entre deux parties, pour les tenir en place.

ESCALIERS en vis, qui tournent sur eux-mêmes autour d'un poteau.

ÉTUVES, sorte d'armoires propres aux offices et aux garde-robes, pour faire sécher le linge ou autre chose.

Les tablettes de ces sortes d'armoires sont ordinairement à claire-voie.

ÉVENTAIL, toute croisée dont la partie supérieure se termine en demi-cercle ou en demi-ovale.

FER, donner du fer à une varlope, demi-varlope, rabot et généralement à toutes sortes d'outils de menuiserie, lorsqu'ils ne mordent pas assez, frapper dessus la tête doucement pour les faire mordre davantage, en faisant sortir le tranchant.

FER d'outil; morceau de fer mince garni, ou pour mieux dire, doublé d'acier d'un côté, qu'on nomme la planche. Le taillant des fers est droit ou cintré, selon la forme des fûts dans lesquels ils sont placés.

FER (bois de), de couleur brune, tirant sur le noir et extrêmement dur.

FEUILLE, pièce ou bâti de parquet, qui est d'une forme carrée, et qui a ordinairement trois pieds sur tous les sens.

FEUILLES de volet, de parquet; c'est chaque volet ou parquet en particulier.

FEUILLET, planche mince, de chêne ou de sapin.

Les feuillets ont ordinairement six à sept lignes d'épaisseur.

FEUILLURES, tout angle rentrant, fait dans le bois parallèlement à son fil.

Fil (bois de); c'est lorsque les fibres du bois sont disposés sur la longueur des ouvrages.

Filet ou carré, moulure lisse et plate, qui sert à séparer les autres moulures.

Flache, défaut d'équarissage d'une pièce de bois.

Flottée (traverse), toute traverse qui passe par derrière un panneau, et qui n'est pas apparente en parement.

Fourrure, pièces ou tringles de bois plus ou moins épaisses, qu'on met sur le plancher pour poser le parquet, quand il n'y a pas assez de place pour y mettre des lambourdes.

Foyer; c'est un bâti de bois qui entoure l'âtre d'une cheminée, et dans lequel les feuilles de parquet, coupées à cet endroit, viennent s'assembler.

Frise; toute partie de menuiserie étroite et longue, soit pleine ou à panneaux, dont la longueur se trouve parallèle à l'horizon, et qui divise d'autres grandes parties; c'est pourquoi on dit frise de lambris, de porte, de croisée, entresol, etc.

Frises; pièces de bois de trois à quatre pouces de largeur, qu'on pose avec les feuilles de parquet, auxquelles elles servent de cadre.

Frise; on donne encore ce nom à la partie lisse et intermédiaire d'un entablement.

Fronton; deux parties de corniche, qui s'élèvent des deux extrémités d'un avant corps, et viennent se rencontrer au milieu, où ils forment un angle obtus.

Il y a des frontons triangulaires et des frontons circulaires; leurs proportions sont les mêmes.

Fusain, bois de France, dur, de couleur jaune pâle.

Fut, ou monture d'un outil : c'est le bois dans lequel le fer est placé.

Fut, partie de la colonne comprise entre le chapiteau et la base.

Futée ou mastic, espèce de pâte faite avec du blanc d'Espagne et de l'ocre jaune, détrempés ou broyés avec de l'huile de lin, ou même de l'huile d'olive.

Quelquefois au lieu d'huile on se sert de colle claire, afin que quand l'ouvrage est peint en détrempe, la futée ne fasse pas de tache à la peinture.

Pour les ouvrages communs on fait de la futée avec de la pierre de Saint-Leu, réduite en poudre, et de la brique, pareillement pulvérisée et délayée dans de la colle, à la consistance de pâte.

On fait encore de la futée très-forte, en faisant fondre de la cire jaune et du suif, dans lesquels on mêle, soit du blanc d'Espagne et de l'ocre, soit de la pierre de Saint-Leu. Cette dernière espèce de futée, ou pour mieux dire de mastic, ne s'emploie que chaude.

La futée sert à remplir et à cacher les défauts de l'ouvrage, comme les fentes, les trous de nœuds, etc.

Garrot, morceau de bois qui passe dans la corde d'une scie.

On l'appelle aussi clé.

Gauchir, se dit des faces ou paremens de quelque pièce de bois ou ouvrage, lorsque toutes les parties n'en sont pas dans un même plan, ce qui se connaît en présentant une règle d'angle en angle : si la règle ne touche point partout en la promenant sur la face de l'ouvrage, l'on dit que cette face a gauchi. Une porte est gauche ou voilée, si quand on la présente dans ses feuillures qui sont bien d'aplomb, elle ne porte point partout également.

Gaude, plante commune en France, dont on fait usage dans la teinture en jaune des bois.

Gelifs, fentes qui se trouvent dans le bois.

Giron des marches, la largeur que doivent avoir les marches d'un escalier, prises au milieu de leur longueur.

Goujon, espèce de petit tenon d'une forme cylindrique, lequel est en usage pour les jalousies d'assemblage, et pour les tenons à peigne.

Gousset ; morceau de bois d'environ un pouce d'épaisseur, chantourné en console, qui sert à porter des tablettes.

On fait des goussets d'assemblage en forme de potence.

Guichet, petite porte qu'on fait ouvrir dans le vantail d'une porte cochère ou autre. On donne aussi ce nom aux volets de croisées.

Guide, morceau de bois qui s'applique au côté d'un rabot ou autre instrument de cette nature, et qui dirige le mouvement lorsqu'il s'agit de pousser une feuillure.

Guillaume, sorte de rabot, atteignant dans les feuillures.

Guimbarde, outil composé d'une pièce de bois de largeur, capable d'être tenue d'une main par chaque bout, au milieu de laquelle est placé un fer ayant peu de pente, et d'une épaisseur capable de résister à l'effort de cet outil. Son usage est de fouiller des fonds parallèlement au-dessus de l'ouvrage.

IMPOSTE, traverse d'un dormant de croisée, laquelle sépare les châssis du bas d'avec ceux du haut.

On appelle encore de ce nom, les traverses ou pièces ornées de moulures, qui passent au nu du cintre d'une porte cochère, ou qui règnent seulement au-dessous de la retombée de l'archivolte d'un cintre.

HUISERIE, bâti de charpente ou de menuiserie, qu'on pose dans les cloisons pour servir de baie aux portes.

JALOUSIES; petits treillis de bois destinés à boucher des ouvertures quelconques, de manière qu'on puisse voir au travers sans être vu du dehors.

JARRET; tout point qui s'éloigne d'une ligne courbe quelconque, soit en dedans soit en dehors.

Les menuisiers disent qu'un cintre jarrette, lorsqu'il s'y trouve des inégalités ou des ressauts dans son contour.

JET D'EAU, pièce de bois qui avance au bas d'un châssis dormant d'une croisée ou du cadre des vitres, pour empêcher que l'eau ne coule dans l'intérieur du bâtiment, et pour l'envoyer en dehors.

Cette pièce est communément de la forme d'un quart de cylindre coupé dans sa longueur.

JOINT, ou assemblage.

JOUE, épaisseur de bois qui reste de chaque côté des mortaises ou entre deux, quand il y en a deux à côté l'une de l'autre, comme dans le cas d'un assemblage double; on dit aussi, par la même raison, joue d'une rainure, etc.

LAMBOURDES, pièces de bois de deux à trois pouces de grosseur, qu'on scelle et arrête sur le plancher pour porter le parquet.

LIMONS anciennement échrifes, pièces rampantes dans lesquelles les marches d'un escalier viennent s'assembler.

Faux-limon, pièce rampante posée contre un mur, laquelle ne reçoit pas le bout des marches comme le vrai limon, mais qui est découpée pour les porter en-dessous, et en appuyer les contre-marches.

LISTEL, partie plate et saillante, dont on accompagne quelquefois le derrière des moulures.

LOSANGE, espèce de petit panneau carré, placé sur la diagonale, et qu'on assemble dans les feuilles de volet, dans le milieu des plafonds des pilastres.

LUMIÈRE, cavité pratiquée dans le fût d'un outil pour y placer le fer, et pour faciliter la sortie du copeau, etc.

LUNETTE, petite trappe percée d'un trou rond, qu'on pose au-dessus des cuvettes des commodités à l'anglaise, et dans les chaises per-cées.

MAILLE; bois dont la surface est parallèle aux rayons qui s'étendent du centre à la circonfé-rence.

MARCHE; pièce de bois d'un escalier, sur laquelle on pose le pied pour monter ou descendre ce dernier. Contre-marche, celle qui est posée verticalement et qui fait par conséquent le de-vant de la marche.

MARQUER ou tracer; c'est chez les menuisiers, charpentiers, tirer des lignes sur une planche ou une pièce de bois, pour que le **compagnon** la coupe suivant ce qu'elle est tracée.

On dit tracer sur une planche les irrégularités d'un mur. Cela se fait facilement en présentant la rive d'une planche debout contre le mur, ou la pièce dont on veut avoir la courbe ou le défaut.

Marquer l'ouvrage; l'action de le tracer sur le plan.

Maronier, bois blanc et très-mou.

Membrures, pièces de trois pouces d'épaisseur, sur cinq à six pouces de largeur, et depuis six jusqu'à quinze pieds de long.

Meneaux (battans); ce sont les battans de milieu du châssis d'une croisée, qui portent les côtes, et dans lesquels ou creuse la gueule de loup.

Merrain ou creson, bois de chêne ou de châtaignier qui n'a pas été refendu à la scie, mais au contre; ce qui oblige à choisir ce bois bien de fil.

Mettre en fût; c'est monter le fer d'un outil de la classe des rabots, varlopes, sur son bois, qu'on appelle fût.

Meule; grès percé à son centre, pour y placer un arbre de fer dont le bout est terminé par une manivelle.

Mobile (menuiserie), celle qui a pour objet la construction des ouvrages ouvrans, comme les portes, les croisées, etc.

Mole, morceau de bois dans lequel on a fait une rainure avec un bouvet, pour voir si les languettes des planches se rapportent à cette rainure, qui est semblable à celle des autres planches, et dans lesquelles elles doivent entrer, lorsqu'on veut tout assembler.

MOLET, petit morceau de bois dur, de deux à trois pouces de long, où on fait une rainure dans laquelle on fait entrer les languettes des panneaux, pour voir si elles sont juste d'épaisseur, ce qu'on appelle mettre les panneaux au molet.

MONTANT, toute pièce de bois placée perpendiculairement.

Les montans diffèrent des battans, en ce que leur extrémité est terminée par des tenons. Les montans prennent, ainsi que les battans, différens noms, selon les ouvrages auxquels on les emploie. On dit, par exemple, montans de dormans, de croisée, etc.

MOULURES; ornemens faits sur les ouvrages de menuiserie.

NICHE; toute sorte d'enfoncement.

NIVEAU (mettre de), l'action de mettre un ouvrage dans une situation parallèle à l'horizon.

NOIX, rainure dont le fond est arrondi en creux. Bouvet qui fait la rainure et la languette qui doit y entrer.

NU; par ce terme les menuisiers entendent le devant d'une partie quelconque : ainsi ils disent que cette longueur est prise du nu du mur, du nu du chambranle, etc.

OGIVE, voûte gothique, composée de plusieurs portions de cercle, et formant arête au milieu de sa largeur.

ONDE, marques que font sur le bois les fers des varlopes et des rabots, à chaque copeau qu'ils enlèvent.

ONGLET, joint coupé diagonalement, suivant l'angle de quarante-cinq degrés.

ORANGER, bois de couleur jaunâtre, et blanc vers le cœur.

ORNEMENT; par ce terme les menuisiers entendent toute sorte de sculpture faite sur leurs ouvrages, soit qu'elle soit prise dans le bois, ou qu'elle soit seulement appliquée dessus.

OUTILS DE MOULURES; outils à fût propres à pousser des moulures.

OUVERTURE, vide présentant une porte, une croisée, une niche, etc.

Il se prend aussi pour faire connaître la manière dont les joints ou ouvertures des différentes parties sont disposés; ainsi on dit : une porte, une croisée, etc., ouvrant à feuillure, à gueule-de-loup, etc.

PALIER, ou repos observé à chaque révolution d'un escalier.

PANNE, partie du marteau mince et arrondie.

PANNEAU, partie de menuiserie composée de plusieurs planches jointes ensemble, laquelle entre à rainure et languette dans les cadres ou les bâtis de l'ouvrage.

On nomme panneau arrasé, celui qui affleure le bâti; et panneau recouvert, celui qui est en saillie sur le même bâti.

PANS des lits ou battans d'une couchette, dans lesquels les goberges sont assemblées.

PARCLAUSES, petites traverses minces qu'on rapporte aux pilastres ravalés.

PAREMENT, face apparente de l'ouvrage : ouvrage à double parement; celui dont les deux côtés sont apparens, ou, pour mieux dire, qui est travaillé des deux côtés.

PATE, espèce de clou dont l'extrémité est aplatie et élargie en forme d'ovale, et percée d'un ou deux trous pour l'attacher contre l'ouvrage.

Peau de chien, c'est la dépouille d'un poisson nommé chien-marin.

Peigne (tenon à), tenon de rapport qu'on colle dans les traverses, soit droites ou cintrées. Ces tenons ont des goujons de leur épaisseur, qui entrent dans l'épaisseur des traverses, ce qui leur a fait donner le nom de tenons à peigne.

Pente, inclinaison donnée aux fers des outils. On dit encore la pente d'un joint.

Petit bois, ou croisillons dans les châssis de fenêtres.

Peuplier, bois de France, très-mou, d'un blanc un peu roussâtre.

Pièce d'appui, châssis de menuiserie; grosse moulure en saillie, qui pose en recouvrement sur l'appui ou tablette de pierre d'une croisée pour empêcher que l'eau n'entre dans la feuillure.

Pièce carrée, outil dont se servent les menuisiers pour voir si les bois de leurs assemblages se joignent carrément. Il est simple, et ne consiste qu'en la moitié d'une planche exactement carrée, coupée diagonalement.

Pied-de-biche, morceau de bois dur, au bout duquel est faite une entaille triangulaire, dans laquelle on place le bout des planches qu'on veut travailler.

Pierre noire, fossile qui sert à marquer l'ouvrage.

Pierre-ponce, pierre calcinée, poreuse et légère, dont on fait usage pour polir les bois et les métaux.

Pierre rouge ou sanguine; pierre de couleur rouge, avec laquelle on établit l'ouvrage.

PIGEON ou pignon, petit morceau de bois mince qu'on place dans un onglet sur le champ du cadre, pour qu'on ne voie pas le jour au travers lorsque le bois vient à se retirer.

PILASTRE, pilier carré par son plan. Les pilastres ont des bases et des chapiteaux.

PLACARDS, portes d'appartemens faites d'assemblage, soit qu'elles soient à un ou à deux vantaux.

PLAFOND, toute espèce de menuiserie placée horizontalement, servant à revêtir le haut des embrasemens des portes, des croisées, etc.

PLAN; par ce terme les menuisiers entendent également ce qui représente la coupe, l'élévation et le plan de leur ouvrage.

PLANCHE, toute pièce de bois refendue, depuis un jusqu'à deux pouces d'épaisseur, sur différentes longueurs et largeurs.

PLANCHES de bateaux, celles qui proviennent des débris de vieux bateaux.

PLATE-BANDE, espèce de ravalement orné d'un filet, qu'on pousse au pourtour des panneaux,

PLINTHE; c'est la partie inférieure d'un piédestal, laquelle est saillante et ornée de moulures.

PLINTHE, se dit encore d'une planche mince et de largeur convenable qui règne au bas des lambris, tout au pourtour.

POINT D'HONGRIE, sorte de parquet composé d'alaises ou de frises de trois à quatre pouces de largeur, disposées en zig-zag.

POINTE DE DIAMANT, jonction de quatre joints d'onglet, tels que ceux des croisées à petits montans.

POIRIER, bois de France.

Pommier , bois de France.

Porte-tapisserie ; saillie que fait la corniche d'un appartement tant sur les murs que sur le nu de l'ouvrage. C'est aussi le dernier membre de la corniche d'un appartement , contre lequel le lambris de hauteur vient joindre.

Pousser ; l'action de former sur le bois des moulures, des rainures, des feuillures , etc.

Prèle, espèce de jonc marin, dont la surface est rude et cannelée. On s'en sert pour polir le bois.

Presse d'établi ; elle est composée d'une vis en bois ou en fer, et d'une jumelle ou mord.

Presse ou vis a main ; ce sont des outils composés de trois morceaux de bois assemblés en retour d'équerre, dans l'un desquels est taraudée une vis de bois, qui , en passant au travers, vient butter contre l'autre.

Profil ; assemblage de plusieurs moulures dont on orne les diverses espèces de menuiserie, figure que doit représenter le relief de ces mêmes moulures , coupées dans leur largeur et perpendiculairement à leur surface.

Profiler ; l'action de tracer des profils sur le papier, ou de les exécuter en bois.

Prunier, bois de France doux et liant.

Pupitre, espèce de petite cassette dont le dessus est un peu incliné, pour la commodité de ceux qui écrivent.

Pupitre, espèce de petite table dont le dessus est disposé obliquement, et garni d'un rebord par le bas afin de retenir les livres qu'on place dessus.

QUART DE ROND, profil et outil de moulure composé d'un quart de cercle ou d'ovale.

QUEUE, espèce d'assemblage qui se fait au bout des pièces de bois, pour les réunir en angle les unes avec les autres.

On les nomme queues d'aronde ou d'éronde, à cause de la forme évasée de l'espèce de tenon ainsi nommé.

QUEUE (pièce à); toute partie assemblée à queue, ou rapportée à queue dans le corps de l'ouvrage.

Queues recouvertes ou perdues, on nomme ainsi celles qui ne sont pas apparentes à l'extérieur du bois.

Queue de morue; on nomme ainsi une planche dont la largeur est inégale d'un bout à l'autre.

On doit éviter de mettre des planches en queue de morue dans les panneaux et autres ouvrages apparens, parce que l'obliquité de leurs joints est désagréable à l'œil, et que de plus les joints ainsi disposés font plus d'effet en se retirant que ceux qui sont parallèles.

RABOT A DENTS, rabots dans lesquels on met des fers cannelés dans leur longueur.

RACLÉE; l'action d'unir et d'achever, d'ôter les inégalités d'un morceau de bois.

RACLOIR, lame de fer à laquelle on donne le morfil.

RAMPANTE, on donne ce nom à toute pièce posée dans une situation inclinée.

RAMPE, l'appui d'un escalier.

RAVALEMENT, la diminution d'une pièce de bois en certains endroits.

REBOURS (bois de), celui dont les fils ne sont pas parrallèles à sa surface.

RECALER, l'action de dresser et finir un joint quelconque.

RECOUVREMENT, toute saillie que forme la joue d'une pièce embreuvée.

REFUITE (donner de la), facilité qu'on donne aux planches des ouvrages emboîtés, de se retirer sur elles-mêmes.

RÈGLE à panneaux, petite règle mince, à laquelle on a fait une entaille d'un pouce de profondeur à une de ses extrémités.

REPLANIR, l'action de finir l'ouvrage au rabot et au racloir.

SABOTS, sortes d'outils de moulures.

SCIE à main ou à couteau, elle est plus large du côté de la main, n'a point d'autre monture que la main avec laquelle on la tient pour s'en servir.

SEUIL, feuille de parquet qui sert à revêtir l'aire d'un embrasement de porte.

SOCLE, partie lisse, servant à porter quelque partie d'architecture.

SOUBASSEMENT, petit appui de croisée.

22*

Soupente, plancher construit dans la hauteur d'une pièce pour en faire deux.

Surbaissé, cintre demi-ovale.

Les menuisiers appellent aussi ce cintre anse de panier.

Tableau ; l'intérieur de la baie d'une croisée ou d'une porte ; et c'est toujours le tableau qu'on doit préférablement prendre les mesures de ces sortes d'ouvrages.

Tablette, toute espèce de menuiserie pleine horizontalement, soit dans les armoires ou ailleurs.

Tailloir, la partie supérieure d'un chapiteau.

Talon, le derrière d'une moulure.

Tambour, menuiserie qui recouvre quelque saillie dans un appartement.

Tampon dans une planche, est le closoir ou le bouchon d'un trou qui a été formé originairement par un nœud.

Tampons, morceaux de bois qu'on place dans les murs pour recevoir les broches ou les vis avec lesquelles on arrête la menuiserie.

Taquets, petits morceaux de bois échancrés à angles droits.

Ils servent à porter le bout des tasseaux lorsqu'on ne peut ou ne veut pas attacher ces derniers à demeure.

Tarabiscot, petit dégagement ou cavité qui sépare une moulure d'avec une autre.

L'outil qui forme cette moulure, se nomme du même nom, et est composé d'un fer ou d'un fût.

Tasseau, petite tringle de bois qu'on attache contre le mur ou les côtés d'une armoire, pour supporter les bouts des tablettes.

Tête; c'est ainsi qu'on nomme la partie la plus grosse d'un marteau : elle est ordinairement plate et carrée.

Tête de mort, cavité qui se trouve à la surface d'un ouvrage.

Tiers-point, espèce de lime triangulaire par sa coupe, propre à affûter les scies.

Tilleul; bois plein et léger, employé dans la menuiserie en bâtiment.

Teinture imitant parfaitement le bois d'acajou.

Prenez eau, une pinte.

Rocou, deux onces.

Bois de Brésil haché, deux onces.

Garance, deux onces.

Faites bouillir le tout un quart d'heure dans un vase très-propre.

Faites bouillir à part deux onces et demie de cendres gravelées dans un bon verre d'eau, deux ou trois bouillons suffisent ; passez dans un linge et mêlez ce liquide avec le premier; passez alors le tout, laissez refroidir et ajoutez trois onces d'esprit-de-vin.

Appliquez cette teinture avec un pinceau sur le bois.

Elle peut servir pour le tilleul, le peuplier, le hêtre, le merisier et aussi pour le chêne, mais on mettra moins de rocou.

TEINTURE noire pour les bois. Elle se fait avec du noir de fumée et la colle forte très-claire.

TOUR à pâte, espèce de table de cuisine.

TOURNE-A-GAUCHE, outil à manche, dont l'extrémité du fer est aplatie et est entaillée à divers endroits.

Cet outil sert à donner de la voie aux scies, c'est-à-dire à en déverser les dents à droite et à gauche, pour qu'elles passent plus aisément dans le bois.

TOURNEVIS, petit outil d'acier trempé.

TRACER, marquer sur les différentes pièces de bois la place et la grandeur des assemblages.

TRANCHÉ (bois), celui dont les fils ne sont pas parallèles à sa surface.

TRAVERSES, toutes pièces de bois dont la situation doit être horizontale.

On dit traverses du haut, du bas, du milieu, de croisée, etc.

TRAVERSER; l'action de corroyer le bois en travers de sa largeur, soit avec la varlope ou le rabot.

TREILLAGE. espèce de menuiserie composée d'échalas et de lattes.

VOIE (donner de la), l'action de déverser de côté et d'autre les dents d'une scie.

VOLET, fermeture de bois sur les châssis des fenêtres.

Ce sont comme de petites portes aux fenêtres,

de même longueur, de même largeur et de même hauteur que le vitrage.

Voliges ou voliches, planches de bois blanc qui n'ont que cinq ou six lignes d'épaisseur.

Vrille, petit outil de fer, garni d'un mauche, servant à percer le bois.

FIN DU VOCABULAIRE.

TABLE

DES MATIÈRES

CONTENUES DANS LA 4ᵉ PARTIE.

—

CHAPITRE DEUXIÈME.

ÉBÉNISTERIE. 242

FIN DE LA TABLE DE LA 4e PARTIE.

RENVOIS

DES PLANCHES AU TEXTE.

—

PREMIÈRE PARTIE.

DEUXIÈME PARTIE.

TABLE

—

TROISIEME PARTIE.

QUATRIÈME PARTIE.

FIN.